JN292858

ドッグ・トレーナーに必要な
「子犬レッスン」テクニック
犬の行動シミュレーション・ガイド

A Must for dog trainers

ヴィベケ・リーセ ［著］
藤田りか子 ［編集・写真］

Vibeke Sch. Reese ［Dog Language interpreter］
Rikako Fujita ［Editor and Photographer］

CONTENTS

Chapter 1 子犬独特のボディランゲージ ……………………………… 5
- 1-1 子犬らしいしぐさ ……………………………………… 6
- 1-2 子犬のあいさつと正しいボディランゲージ …………… 15
- 1-3 パピーパーティーで見る子犬たちの行動 ……………… 17

Chapter 2 子犬の成長と学習 ……………………………………… 21
- 2-1 子犬期の発達 …………………………………………… 22
  - ・新生子期（生後0日目から13日目）の成長
  - ・移行期（生後13日目から20日目）の成長
  - ・社会化期（生後3週目から12週目）の成長
  - ・子犬の脳の発達
  - ・思春期のホルモンバランスと必要な学習
- 2-2 子犬を家族に迎えたら ………………………………… 36
  - ・迎えはじめの1週間
  - ・犬との遊びかた
  - ・散歩と運動
- 2-3 子犬のうちに教えたいこと …………………………… 43
  - ・やっていいこといけないことの区別
  - ・「私と強調をしてください」トレーニング
  - ・「咬む・かじる・壊す」ことへの対処法
  - ・「唸る」ことへの対処法
  - ・「飛びつく」ことへの対処法
  - ・「ドアから勝手に出る」ことへの対処法
  - ・リラックス・トレーニング

COLUMN
飼い主へのアドバイス「唸る子犬へは、どう接すればよいのか」…… **67**

Chapter 3　パピーテスト … 69

- 3-1　子犬の気質を知るためのテスト … 70
- 3-2　家庭犬の気質テスト … 71
- 3-3　セラピードッグの気質テスト … 81
- 3-4　作業犬にふさわしい気質とは？ … 90

COLUMN
ケネルクラブが公開しているパピーテストの項目 … 97

Chapter 4　パピーレッスン … 103

- 4-1　パピークラスの運営について … 104
- 4-2　パピークラスの座学レッスン … 106
  - ・座学で飼い主に伝えたいこと
  - ・座学での飼い主と犬の様子を見てみよう
- 4-3　コンタクト・トレーニング … 122
  - ・飼い主とのコンタクト・トレーニング
  - ・散歩を想定したコンタクト・トレーニング
  - ・フォローミー・エクササイズ
  - ・他人と行儀よくあいさつをするトレーニング
  - ・飼い主同士の距離の取り方
- 4-4　社会化訓練 … 137
  - ・子犬と大人の犬の会話
  - ・子犬と子犬の会話
- 4-5　環境訓練 … 164
  - ・子犬と街歩き
  - ・相手の犬を上手にかわすための飼い主レッスン

COLUMN
デンマークの動物病院で行われている『獣医慣れレッスン』 … 174

Chapter 5　人と犬のよい関係 … 175

- 5-1　人は犬にとって、どんな存在になるべきか … 176
- 5-2　小さな子供と犬の立ち位置 … 178
- 5-3　子供に犬との接し方を教えるには … 181

Introduction

　私は子犬が大好きです。ニオイ、しぐさ、そしてありとあらゆる可能性。子犬には子犬の独特の感情の表れ方があります。やたらと謙虚に小さくなるのは、まだ強い牙を持たない子犬の感情の基本にあるものです。どのシーンで、何のしぐさをするのかを、本書を通して知ってほしいと思います。ここには、私なりの対処法を記しているので、皆さんどうか参考にしてください。

　飼い主のみならず、犬の言葉の練習をするのは子犬にも必要です。社交術は、犬に最初から備わっているものですが、開花させるにはある一定の刺激が必要なのです。その刺激というのは、犬の社会、人間の社会に出て、様々な経験を得ること。

　その方法について、章にかかわらず、この本のあちこちにちらばせました。読みながら、何度も同じ言葉が出てくるかもしれません。しかし、子犬をいかに上手に育てるかというのは、決して「セオリー」だけでは十分ではありません。実際に子犬と向き合う。向き合いながら、この本をめくってみる。そのとき、随所で繰り返している言葉の意味と重さについて、初めて理解が得られると思います。

　そしてぜひ私が強調したいこと。それは、決してこの本をマニュアルのように読まないことです。犬の感情の基本にあるものを知識としてここに記しています。その知識を元に、皆さんは、皆さんの個性にあった、そして愛犬の個性にあった、独自の付き合い方、対処法を開発発展させてください。

　もう一つ。子犬は「犬」です。犬として理解し、犬として尊重し、犬らしいすばらしい犬生のはじまりを飼い主さんが与えること。そうすれば、犬と私たちの絆というのは、より強く尊いものになると信じています。

ヴィベケ・リーセ

Chapter 1

子犬独特の
ボディランゲージ
Puppy Body languages

子犬には、この時期に見せる独得のボディランゲージがあります。
それは、彼らが小さくか弱いがための防衛本能でもあるのです。

1-1 子犬らしいしぐさ

子犬のしぐさは、自分がいかに小さいく無害であるかを伝えるために、謙虚さを強調したシグナルを出すのが特徴です。なにしろ、子犬はまだ強い牙も持たず、なんとか自分を守る必要があります。

この子犬のしぐさは、大人になっても多くの場面で使われます。「お手柔らかに！」「わたし、あなたが大好き！」といったシーンなど。子犬が見せるはずの動作を大人の犬が行うことで、相手から反感を買われずに済むのです。

同時に、子犬であれば何をしてもいいという「子犬の免許期間」（パピー・ライセンス）も存在します。大人の犬は、子犬が食べ物を取っても、上に乗ってきても、大抵のことは大目にみてあげます。もちろんこの行為は、子犬がその大人の犬にある程度認識があるときに限ります。

そしてご存知のように、子犬は大の遊び好き！遊びは、成長過程の子犬の大事なお仕事です。ここからも、様々な子犬らしい行動を発見することができます。皆さんも、この子犬という短く尊い期間で、じっくり彼らの見せる行動を観察してみてください。

1-1-1 好きな相手に対するしぐさ

●飼い主の後をついて歩く

こんなかわいい時代もパピーの間だけ。その後、思春期を迎えると、犬は自立しようとするので、必ずしもいつも飼い主の後をついて行くとは限らない。「私、自分でもっと見たいもの、探検したい！」と、勝手に反対方向へ行ってしまったり…。だからこそ、子犬時代の「ついて来る」欲を多いに利用して、より飼い主を求めてくる（＝よりコンタクトの強い）犬に育てる必要があるのだ。

No.1-a01

ナナはまだ飼い主のもとに来て1週間しか経っていない。しかし、既に絆を作り上げ、遅れてしまわないよう一生懸命になってついて行こうとする。

●大人の犬の後ろをついて歩く

大人の犬のすることに、好奇心でついて行きたくなるのが子犬。先住犬がいる場合、子犬にとっては人間よりも先住犬の方が遥かに面白い存在だ。だから子犬をしつける場合、時に飼い主とのコンタクトを重視するよう努力すべきだ。さもないと、先住犬と徒党を組んだまま、飼い主には見向きもしない犬になってしまう。

No.1-a02

「ねぇ、おじちゃん、私もついていく！」。ナナは、2歳のサムにあいさつを受け、『認められた』ばかり。そのうれしさが体中に溢れているのもわかる。

子犬独特のボディランゲージ　　Puppy Body languages

Chapter 1
子犬らしいしぐさ

●大人の犬の真似をする

子犬は、大人の犬の様子を見て、自分も真似をしようとする。その点は、人間の子供と何ら変わりない。同じ場所のニオイを嗅ごうとしたり、同じように興奮してみたり。大きくなってからもこの行動は続き、好意のある犬の真似をしたがる。好きな人がコーヒーを飲んでいたら、私たち人間もその人と一緒にコーヒーを飲みたくなるのと同じだろう。

No.1-a03

アスラン / チェシー

子犬のチェシーは、大人の犬のアスランがトランポリンに上がると、誰に言われたわけでもないのに、自分もトランポリンに上がり、アスランと同じことをしようとした。アスランはコンタクトを取るために、飼い主である私の顔を見ている。

●顔を寄せて動きを止める

この甘えたようなしぐさは、愛着の表れ。母犬にもよくおこなっていたはずだ。このままハタと止まることが、子犬にはよく見られる。特にゲオのように少し動作がゆっくりの犬には！

No.1-a04

ねぇ、僕、君のこと大好きだよ！

ナナ / ゲオ

ゲオの気持ちは、「ねぇ、ナナ！　僕、君のこと大好きだよ！　一緒にいるって、楽しいね！」。

●相手の口を舐める

相手の口を何かとすぐに舐めて、あいさつをしようとする。典型的な子犬動作。愛着を見せている。そして、いかに自分が「かわいい」子犬であるかをアピールする。これは、自分が子犬ゆえに無害であることを訴える意味もあり、大人になっても、「怒らないでね！」の意図で相手をなだめるときに使うことがある。

No.1-a05

「ね、私にやさしくしてね！あなたのこと、大好きだよ！」。耳を後ろに引いているのは、フレンドリーさを示しているため。

1-1-2
安心を感じたいときのしぐさ

●顎をほかの犬の上に乗せる

No.1-a06

顎をほかの犬の上に乗せると、大人の犬であれば自分の強さを誇示するジェスチャーになるのだが、この場合、子犬はほかの子犬のぬくもりに安心を感じているだけ。子犬はいつも相手からのぬくもりを求めるものだ。

●人の足元で遊ぶ

平和なときにも不安なときにも、人の足元で遊んだり、股の下にいたりすることで安心を感じる犬は多い。

No.1-a07

人が囲いに入ってくると、子犬たちが脚の周りに集まってきた。そうこうするうちに、足元で遊びはじめた。何もこんなところで遊ばなくてもいいのに！　…これは、自分が好きな人のまわりにいることで安心を感じているから。

●人の股の下に入る

No.1-a08

子犬は人の股の間に入って、相手の犬からの安全を確保しようとする。この行動は、思春期を通して見ることができる。

1-1-3
何かを乞うときのしぐさ
●マズルを上に向ける

頭全体を上げるのではなく、マズルを上げて「物乞い」姿勢をとる。これは、子犬時代の食べ物をねだるしぐさに起因している。そして大人の犬になっても、相手に対して自分の謙虚さを見せるために行うことがある。

No.1-a09

「ねぇ、置いていかないで、僕にもっと注目してよ！」

ひたすらついてゆくのは子犬の動作故。このシェルティの子犬は、「ねぇねぇ、どうか置いていかないで、僕にもっと注目してよ！」。

1-1-4
相手を怒らせたくないときのしぐさ
●じっと固まって動かない

余計な動きをして相手から誤解を招かないために、動作をぴたりと留めて、相手にニオイを嗅がせる。子犬はか弱い。それ故に、様々な方法を使って自分の身を守るのだ。しかし、必ずしもどの子犬も固まるわけではない。見たことがない大人の犬に会えば、逃げる子犬もいる。個性によるだろう。

No.1-a10

「私はか弱い子犬！　どうかひどいことをしないでね。」

この子犬は、固まって、大人の犬からのあいさつを受けているところ。大人の犬と目を合わせて反感を買わないよう、顔を背けていることにも注目。「私はか弱い子犬！　どうかひどいことをしないでね。私、何もしないでずっと大人しくしているから」。

1-1-5
謙虚な気持ちを示すためのしぐさ

これは子犬の動作の基本でもあります。大人の犬の反感を飼わないよう、そして挑発させないよう、自分の無害さを一生懸命見せる子犬たちの努力を見てみましょう。

●尾を下げる

尾を下げることで、体を小さくして、謙虚さをアピールする。怖いときにも尾は下がり、同時に下がった尾を見せることで、「敵意はないですよ」の意図を伝え、相手をなだめてもいる。

No.1-a11

レオンベルガーのオリーは生後4カ月のオス。既に、大人の柴犬ぐらいの大きさなのだが、少し年上のホワイト・シェパード、メスのハッピー（生後7カ月）が尾を上げて威厳を見せると、オリーの尾は見る見るうちに下がってしまった。体は大きくても、オリーの動作はまだまだ子犬らしい謙虚さに満ちている。

●背を丸める

尾を下げるのと同じく、背を丸めることで体を小さくして見せて、相手へ謙虚さを伝えている。

No.1-a12

遊びながらも、背を丸くして必ず謙虚さが表れる。尾の先が上がっているのは、多分遊びのために気持ちが盛り上がっているのだろう。

●フセをする

体を小さく見せて謙虚さを表すだけでなく、フセをすることで「参りました！」の意味もある。

No.1-a13

No.1-a14

ラサアプソの子犬が朗らかに、オス犬の座っているベンチにやって来た。しかし…。ベンチの上の犬は既に「ムッ」とした表情を見せて、子犬に面と向かっているのが分かるだろうか。それに、すぐに反応する子犬。体を低める。

後から、もう1頭の子犬が喜んで兄妹のところにやってきたが、遅し！　大人の犬は「あっちへ行け！君たちと遊ぶ気は全くないんだ！」。既に威嚇を受けていた右の子犬はすっかり地面に伏せて「ごめんなさい、ごめんなさい！」と子犬らしく謙虚さを見せている。

●体を丸める

頭を下げ、尾も足の間に。背を丸くし、耳を後ろに引いて、謙虚さを全身で示す。この「私、小さいのよ」シグナルは子犬独得のものだが、大人の犬でも遊びの中でこのしぐさをよく見せるものだ。

No.1-a15

生後8週目のケアン・テリアの子犬。大人の犬のあいさつに、「わたし、小さいよ、小さいよ。どうかお手柔らかに！」と体を丸めて応えている。

●顔を地面にペタリとつける

プレイバウの極端な形がこの動作。自分のよき意図を伝え、絶対に誤解を生まぬようにしようとする子犬の努力とも言えるだろう。

No.1-a16

さて、ニオイを嗅がせてもらうよ （ナナ）
ね、僕のことわかった？ いい子でしょ! （バルダー）

「それじゃぁ、ニオイを嗅いで、相手を確かめてみよう」とナナ。バルダーはぴったりと顔を地面につけて、自分の良き意図を見せていることに注目。そして期待に満ちた目。「ね、ね、僕を理解して！ 僕、いい子だよ！」。

●体を低くする

相手を驚かせないように、体を低くして、「自分は無害ですよ」の意を伝える。相手の意図が読めないときなどに、相手をなだめるために行ったりもする。

No.1-a17

ホワイト・シェパードのハッピーは生後7カ月の幼犬。生後4カ月のオリーのやや心もとなさを読んで、ハッピーは体を低くして遊びに誘う。若い犬同士というのは、いつでも遊びのムードでいっぱい。

●お腹を見せる

とても子犬らしい動作の一つでもあり、大人になっても引き続き行われる。お腹を見せるというのは、もっとも無防備な行為。自分の無害さをアピールする。

No.1-a18

「僕は子犬！ 何も危害を加えたりしないよ。そして、君のことが大好きだよ！ だから僕のことも好きになってね」。

●耳を後ろに倒す

耳を後ろに倒すのは、怖いときや友好を示すときなど、いろいろな感情状態で見られる。この写真の場合は、友好を示す子犬らしい動作。

No.1-a19

「僕、いい子だよ。ママのこと大好きだよ！ 一緒にいて楽しいね！」

1-1-6
相手を遊びに誘うしぐさ

●相手の周りをぐるりと回る

子犬らしい勢いと幸せな状態を表している。大人の犬もよくこの言葉遣いを見せて相手を遊びに誘おうとするものだ。

No.1-a20

遊ぼうよ! （ハッピー）
（オリー／ハッピー）

生後7カ月のハッピーは、オリー（生後4カ月）の周りをぐるりと走って、遊びに誘う。若いなりに一生懸命耳を後ろに倒して、目をアーモンド状に細め自分の良き意図を見せる。そして、オリーも尾をぴったりとくっつけて「どうしようかな、遊びたいのだけど、本当にいいのかな？」とやや心もとなさを見せている。体の重心が後ろにいっている。若い2頭がお互いに心もとなさを見せながら、それでも遊びにシーンが向かっている面白い一瞬だ。

●転がる

寝転がることで、相手を遊びに誘う。やたらと転がるのは子犬の特権である。

No.1-a21

転がって「遊ぼうよ！」と誘う。でも人間は、なかなかこの誘いに乗ってくれない。「ねえ、遊ぼうったら！」。

子犬独特のボディランゲージ　　Puppy Body languages

●プレイバウ とパピーリフト

　頭と肩を下げて、お尻を持ち上げる行動をプレイバウ、片方の前脚を上げるのをパピーリフトと言う。どちらも遊びに誘うときに使われる行動だ。大人になってからも「どうか僕はか弱いので、お手やわらかにね」の意で、相手をなだめるときなどにも使われる。

No.1-a22

（楽しいのかな？遊んでみようかな？）
（遊ぼ！）
ナナ　／　バルダー

　子犬同士。バルダーがプレイバウをして、ナナを遊びに誘おうとする。このような大袈裟なプレイバウは子犬特有だ。ナナもパピーリフトをして、遊びのムードを見せている。「楽しいのかな？　遊んでみようかな？」。

●側で寝転がる

　パピー技。何かと側で寝転がる。そして相手に好意を示す。この方が「腰が低く」振る舞えるからだ。

No.1-a23

　「ねぇ、遊ぼうよ、遊ぼうよ、遊ぼうよ、ね、ね、ね、お願いったら〜！　ね、どうして私のこと好きになれないの？　みんな私のこと好きよ。ほら、遊ぼうったら！」と、しつこいのも子犬ならでは。

●高く飛び跳ねる

　子犬は遊びに対して興奮しやすく、自分を上手に抑えられない。遊びに誘うときに、相手の側で高くジャンプをしてしまうのだ。そして、相手を驚かして、よく怒られる。

No.1-a24

　ブラッコ・イタリアーノという犬種の子犬。こんなに大きくても、やっぱり動作は子犬。屈託なく戯れようとするのだが…。ダックスフンドの大人に「行儀良く振る舞いなさいったら！」と叱責を受けているところ。

1-1-7
子犬の好奇心からくる行動

●何でも口に入れる

　何でも口にしたがるのが子犬。なぜか子犬であるほど草を食むのが好きである。気になったものは口にして、舐めたり、かじったりと物を探索する。

No.1-a25

　松ぼっくりを見つけて、咬んでみた。

●わらわらと集まってくる

　5週目になると、子犬はほかの仲間が何をやっているか観察する能力が備わっている。「何をしているんだろう！　面白そうだなぁ。私も参加したいよう」とわらわらと集まる。

No.1-a26

　1頭が大人の猫に興味を示し、近づいて謙虚さをアピールした。するとほかの好奇心旺盛な子犬たちもわらわらと集まってきた！　猫の災難！！

●仲間とシンクロする

「仲間がいれば、怖くないね！」とばかり、一緒に行動をする。そしてあたりを探検。

No.1-a27

> 一緒なら、怖くないね！

同じボディランゲージを見せていることに注目。2頭とも、同じ感情状態であることがわかる。

1-1-8
状況を確認するしぐさ

●立ち止まって、じっと見る

突然、立ち止まって、相手をじっと見る。パピーらしい行動。こういう行動は人間の子供にも見られる。何か自分の好奇心をそそるものが表れると、こうしてしげしげと見つめはじめる。大人は多分、目の隅ですべてを知覚して、すぐに、情報を処理してしまうのだろう。そうはいかないのが子犬と子供であるのは、まだ知覚について脳が完成しきっていないからだ。子犬の視覚もまだ完全とは言えず。

No.1-a28

> あれ、君いたんだね。ところで、誰?

5週間目のパピー。「あれ、君、そこにいたんだね、ところで、君、誰だろう？」。ずっとここでカメラを構えていたのに、なぜ今更！と思うのだが、これが子犬なのだ。知覚が完全ではなく、すべてをいちいち丁寧に経験しなければならない。このまま、しばらくの間、彼に経験させてあげようではないか！　かわいい！と撫でる前に。

●じっと座っている

No.1-a29

ほかの子犬が遊んでいるときに、座り込んでいる子犬を見かけることがある。その子犬には、周りの印象を処理するために、ほかの子よりも時間がかかるからだ。ゆっくり周りを経験させること！「何をやっているんだろう！」と周りを見回して、その後、遊びに出かけるだろう。

●首をかしげながら見る

No.1-a30

> 誰だい、君？何をしているの？

「誰だい、君？　何をしているの？」。頭をやや下げて、様子をうかがう。世の中のすべてのものが不思議に満ちている時期。ただし、首をかしげているのは、右と左の耳をつかって音を拾おうとしているのか、あるいは焦点を合せようとしている努力のため。

●顔を遠ざけて見る

No.1-a31

7週目の子犬は、ほとんど体が機能しているように見えるものだが、しかし視覚神経は完全に出来上がっているわけではない。よく見えないときはこうして頭を傾けて、焦点を合わせるために距離を測ろうとする。

子犬独特のボディランゲージ　Puppy Body languages

Chapter 1 — 子犬らしいしぐさ

1-1-9
子犬の許容範囲を示すしぐさ
●されるがままを受け入れる

子犬の間は、それほど所持欲もなければ、人にも大人の犬にもされるがままになることがある。この状況を受け入れているのだ。しかし成長につれて徐々に自我が芽生える。その変化を感じたら、犬の気持ちを尊重してゆこう。

No.1-a32

食べていると、兄妹がやって来た。子犬は相手がやっていることに常に興味を覚える。好奇心が強いのだ。自分の皿から食べられても、この頃はそれほど所持欲を見せないが、これはもちろん個体差でもある。

No.1-a33

垂直に抱かれると、脚をだらりと垂らし、されるがまま。母犬も首を咥えて子犬を運ぶ。そのときに子犬は抵抗もせずに、脚をだらりと垂らすものだ。ぽこんとお腹がでているのは、子犬も赤ちゃんも同じだ。

1-1-10
子犬の体力の限界
●突如として眠りに落ちる

子犬は、突如コトンと寝てしまう。子犬時代、ほとんどのエネルギーは成長に使われる。そう、起きて余計なエネルギーを使わず、寝ながらエネルギーをセーブして、その分を成長にまわすのだ。寝る子は育つ。

No.1-a34

ゴールデンが遊んでいると、突如としてコトンと寝てしまった。追いかけていても、その最中に突然寝てしまうことがある。まるでスイッチがオフになってしまうように。成長に相当のエネルギーが使われているので、動くことのスイッチをカット・オフするのだろう。

No.1-a35

このケアン・テリアはパピークラスにやって来て、周りの新しいことを経験するだけですっかりくたびれ、15分後には授業を聴いている飼い主の腕の中でコトンと寝てしまった。

1-1-11
居心地が悪いときのしぐさ
●舌を出す

子犬に限らず、犬は居心地の悪さを感じるときにも、舌をペロリと出す。このほか、鼻を舐めたり、舌を激しく出し入れするタン・フリッキングを行った場合も、居心地の悪さを訴えたり、「どうしよう、どうしよう！」という焦りの表れ。

No.1-a36

人は子犬に会うと、かわいくて覆い被さって相手を保護してあげようとする。しかし、子犬のボディランゲージを見てほしい。「う〜ん、ちょっとプレッシャーなんだけどな」。居心地が悪く、舌をぺろりと出す。

1-1-12
子犬の特権
●パピー・ライセンス

「わたしは子犬。何をしても許されるの！」という免許証を、子犬は皆持っている。ただし免許の有効期間は、生後4カ月半ぐらいまで。その後、大人の犬は若犬に対して、より行儀良さを要求するようになる。

No.1-a37

このライセンスをおおいに利用して、好き放題する子犬。そのやんちゃに耐える母！「しょうがないわね、まったく！」といった風か、舌をぺろりと出した。少々ムッとしているのかもしれないが、たいていのことを母犬は受入れる。子犬は母犬に抱いてもらおうとしているのではなく、獲物に襲いかかるごっこをしている。

No.1-a38

まわりの空気を読めないのがパピー！　大人の犬たちは、お行儀良く飼い主の周りに座ってトリーツをもらえるのを心待ちにしている。そんなこと、子犬はまるで無頓着！「ねぇ、ちょうだい、ちょうだい！」。人間のみならず、ほかの大人の犬にも同じことをする。こんなことが許されるのも、子犬のうち。

1-1-13
子犬が好きな遊びかた

子犬は取っ組み合いや引っ張りっこが大好きだ。また、動くものによく反応するのも子犬ならでは。目の前で紐を動かすと、咬んだり前脚で抑えたりして取ろうとする。

●取っ組み合いをする

子犬の得意技。取っ組み合い！　オス、メス関係なしに、彼らは兄妹同士で取っ組み合いをするのが大好き。こんな無邪気さは、子犬が思春期に入ると徐々に失われてゆく。オス犬はほかのオス犬に対して、よりタフに振る舞おうとするものだ。

No.1-a39

生後6週目の子犬たち

1-1-14
そのほか
●舌が出たままになっている

No.1-a40

舌がよく出たままになっている。まだ筋肉のコントロールができていなからだ。

子犬独特のボディランゲージ　Puppy Body languages

1-2　子犬のあいさつと正しいボディランゲージ

子犬のボディランゲージは謙虚さの表現で成り立つと述べました。
その謙虚さに、私たちもやさしく反応してあげる必要があります。
子犬の感情を読み取りながら、脅かさないように接してあげられるよう、以下に方法を示しましょう。

No.1-b01

　子犬らしい、いいあいさつの仕方。とても注意深くしている。子犬だから、こうあるべし。耳の付け根から後ろに引かれている。目はアーモンド状。顔はつるりとしている。鼻面を上げている。

No.1-b02

　差し出された手をもっと嗅ぎたくて、マズル（鼻面）が上がる。体を前に傾けるが、うっかり相手に勘違いされないよう、耳の付け根をさらに後ろに引いて、子犬らしい表情を作る。目も、いっそう細くなった。
　健全な精神を持っている子犬であれば、皆この行動を備えている。今後の社会化訓練のときに役立つので、正しい子犬言葉を使っているときは、おおいに子犬を褒めてあげるべきだ。

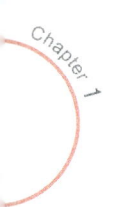

No.1-b03

　この子犬はとてもいいあいさつをするが、やや人間に対してシャイである。腰を低くして、いつでも逃げられるようにしている。

　実は、この子は8頭の犬たちと共に暮らしている。ならば、ほかの犬たちとたえず接触があるから、さぞかし社会化訓練が出来あがっていると思われるだろう。しかし、犬たちとだけ接触させているだけでは、十分ではない。やはり外にでて、積極的にもっとほかの人間にも会わなければ。

　それから、もしかしていつか誰かほかの人に飼ってもらう予定があるのであれば、来るべき新しい家庭の中で精神的に健全に生きてゆくために、散歩に行くときなどは群れから離して、1頭だけで人と一緒に散歩をさせる。次の新しい家では、今のように群れで犬が暮らしていないかもしれない。しかし彼女は、群れに頼る癖がついてしまっている。すると、新しい家と新しいルーティンに慣れるのがむずかしくなってしまう。

　このように知らない人とあいさつしているときと比べて、彼女が群れの中にいるときは、もっと勇敢で好奇心に溢れた表情をしている。しかし、今や自分の足で立たなければならないから、余計に注意深くしている。

No.1-b04

　私が手で差し出したものにとても興味があるが、やや警戒もしている。目がトリーツに釘付けになっている一方で、体重は後ろに置かれ、いつでも逃げれる用意。

No.1-b05

　そしてやっと口にしてみた。すると彼女の目線は、少し上に向かれる。私がおかしな動きをしないか、ちゃんと視界に入れようとしているのだ。この用心深さは、子犬として決してアブノーマルではない。そして自分が無害であることを、たくさんボディランゲージの中で見せている。非常に健康的な子犬である。

子犬への近づき方

　私たちが子犬に近づくとき（大人の犬の場合でも同じなのであるが）、必ず相手に時間を与えるのが大事だ。近づくか、近づかないか、まずは犬に決めてもらう。向こうは様子をうかがい、大丈夫だと思ったときにやって来るものだ。

　そのとき、私たちが相手を驚かせないように。良かれと思って犬のカーミング・シグナルを使いすぎると、かえって犬に疑惑をもたれてしまうこともある。例えば犬に近づいてもらおうと、舌を出してなめたり、口をぱくぱくとさせたり、あくびをしたり。しゃがんで、背を向けたまま犬にトリーツを与えようとする。これは、人間が通常犬に見せる行動ではない。人間のボディランゲージに既に慣れている犬であれば、彼らの方が人間の顔をまともに見て「あれ、いったい君、何しているの？」と疑問に思うはずだ。そう、不自然なのである。

　もちろん背を向けてトリーツを与える方法は、超怖がりの犬を手なづけるときは有効かもしれないが、通常の場合、かえって犬へさらなる不信感を与えてしまうこともあるのだ。

　一番いいのは、無視することである。そして、向こうがこちらを観察する時間を存分に与えてあげること。近寄れる心の準備ができたら、必ず彼らはこちらにやって来るはずだ。

子犬独特のボディランゲージ　Puppy Body languages

1-3 パピーパーティーで見る子犬たちの行動

　これは、私が日本で見てきた室内でのパピーレッスンの様子です。子犬が5頭（トイプードル4頭＋チワワ1頭）、飼い主が10名ほどで行われました。まずは、部屋の中で円を描くように並べられた椅子に、飼い主たちは子犬を抱えてすわって座学を。その後、つかの間の子犬たちのフリータイムが設けられました。そのフリータイムでの子犬の行動を見てみましょう。

※ここでは4頭のトイプードルの毛色を、説明の都合上、オレンジ、白、黄、赤と記しています。

No.1-c01

子犬のフリータイムがはじまった

　手前のオレンジの犬(A)は、白い犬(B)の後ろをそろそろと歩く。背中が丸くなっていることに注目。限られた空間で知らない人に囲まれ、おどおどとしているのだ。しばらく白い犬(B)は振りかえらず、それをいいことにオレンジ犬(A)は後ろにぴったりとついて行った。こうすることで安心感を得ようとする。左の黄色い犬(C)も、ややドギマギ。

No.1-c02

4頭の性格が写真に良く出ている

　白い犬(B)が振り返ると、オレンジ犬(A)は身をすくませ、より自分を小さく見せた。相手を怒らせないようにしているのだ。
　その向こうでもパピー同士のドラマが繰り広げられているのがわかる。黄色い犬(C)に向かって、赤い犬(D)がやってきた。挑発させないよう、黄色い犬(C)は頭を低くした。赤い犬(D)から体を遠ざけているので、その場を去ろうとしているところでもある。

No.1-c03

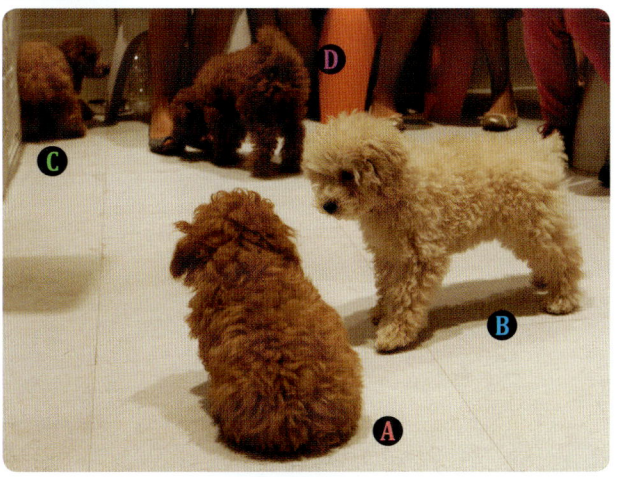

行動の違い　固まるのか、逃げるのか

　すくんだものの、パピーである。好奇心は隠せない。オレンジ犬(A)はそろそろと顔を上げてみる。白い犬(B)もあいさつをしたいのだ。近づいてきた。
　オレンジ犬(A)の気持ちは、怖い、でも好奇心一杯。このようなとき、好奇心が勝つか、恐怖心が勝つかはわからない。犬同士がこのように一旦凍りついたら、トレーナーは状況判断して、時には白い犬(B)に「カット・オフ・シグナル」（その行為をやめなさい）を出して、そして犬と犬の間に割って入ることである。決して手をつかったり、呼び戻したりしてはいけない。もし"怖い"という気持ちの方が感情を占めていたら、このオレンジ犬(A)はおそらく、白い犬(B)が次の一歩を踏み出したとたんに、「ギャッ、ギャッ、ギャッ！」と吠えただろう。逃げたいのにそのスペースがなく、周りに知らない人が居すぎて、そこですくんでしまっているからだ。
　一方で向こう側では、とうとう黄色い犬(C)はあいさつの鼻のくっつけ合わせもせずに、イスの後ろに入ろうとしている。社会化訓練をする場合は、このように子犬が避難できるような場所を設けるべきなのだ。このときにインストラクター及びトレーナーは、これ以上赤い犬(D)が黄色い犬(C)を追いつめないよう、赤い犬(D)の動向をチェックしておく。しかし、赤い犬(D)はすぐに誰かの脚に気を取られ、そちらを嗅ぐことに集中している。

No.1-c04

子犬同士のあいさつ

　鼻と鼻をつきあわせてのごあいさつ。後ろでは 黄色い犬（C）はイスの後ろに入れないとわかったので、人の足の後ろに隠れようとしている。多分飼い主なのだろう。
　白い犬（B）は、心理的にとても強いタイプだ。こういう子がクラスにいるとき、動向に注意。押しが強すぎて、ほかの子犬が出しているボディランゲージを読まないときがあるからだ。

No.1-c05

気持ちに少し余裕が出る

　相手が座ると、圧迫感が少し解かれたのだろう。オレンジ犬（A）は、「もう動いてもいいよね」とばかり、その場をそっと離れようとした。

No.1-c06

再び固まる

　オレンジ犬（A）は、またすくんでしまった。白い犬（B）がこちらを見て、動き出そうとしたからだ。「やばいことしたかなぁ」と、顔を背けた。

No.1-c07

今のうちに様子を観察

　カーミングシグナル？　白い犬（B）はふと視線を外した。あるいは、向こう側に何か興味深い音か動きがあったのかもしれない。視線が外れると、すかさずオレンジ犬（A）は頭を上げて、安心して白い犬（B）を観察することができた。

子犬独特のボディランゲージ　Puppy Body languages

パピーパーティーで見る子犬たちの行動

No.1-c08

好奇心が打ち勝った

遊びたい、好奇心一杯、でも勇気ない。相反する感情をごちゃごちゃ一気に込めるのが子犬だ。白い犬（B）がそれほど、オレンジ犬（A）に気を取られていないのをいいことに、さらにアプローチをしてみた。

No.1-c09

「あの白い犬が近づいてくる。いやだなぁ～！」

隅にいたところを見つかった

今度は、奥の黄色い犬（C）に注目してほしい。「あの白い犬が近づいてくる。いやだなぁ～！」。イスに座っている人は、少なくとも自分の足の間に入れて、後ろに隠れる路を作ってあげるべきだ。

No.1-c10

イスに隠れながらも様子を観察

この黄色い犬（C）は極力、ほかの犬との交流を避けようとする。白い犬（B）がいよいよ側にやって来ると、何とかイスとイスの間に隠れることができた。このようなときも、隠れた犬に「出て来なさい」などと、「励まし」の言葉をかけないこと。押せ押せの犬から守ってあげることだけを考えればよし。そして、決して手を使って撫でたりしないこと。人の足やイスの脚で遮断する。

おそらく、この女性の足元には何か面白いニオイがあるのだろう。子犬（B）も、また、ここで止まってニオイを嗅ぎはじめた。

No.1-c11

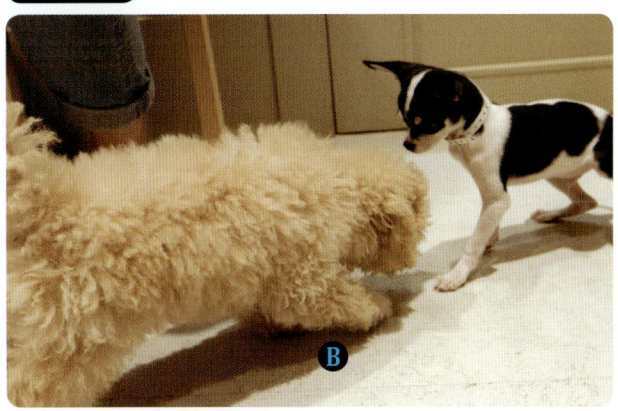

ずっと様子を観察していたチワワがついに登場

なんとやっとチワワが舞台に上がってきた。今まで、プードルたちがあいさつを交わしている間、ずっと飼い主の後ろに隠れていたのだ。そして様子をうかがっていた。自分のテンポで決断できる時間が、十分に与えられるというのは、いいことだ。「今なら、出て来てもいい」と、チワワは思ったのだろう。自分で納得して出て来たのだから、やたらに怖がらないでも済む。さっそく、白い犬（B）がチェックしにやって来た。この犬は明らかに、このパピーパーティーの主人公である。

チワワは不安そうだが、パニック状態に落ちて恐れていない。尾ですら、脚の間に入るどころか、上がっている。体は後ろに重心が置かれてやや逃げ腰でいるが、耳は前に倒れ、耳でも白い犬を観察しようとしている。

No.1-c12
アイデンティティーの確認中
「君のことを確認したいよ。ちょっとニオイを嗅がせてね」と白い犬。

君はどんな子？

No.1-c13
隠れてもついてゆく
白い犬が強引なので、チワワはイスの下に隠れた。「もうかかわりを持ちたくない」と、ここで言っているチワワの言葉に、私たち人間は耳を貸そうではないか。しかし、その後ろに白い犬がやって来ている。狭い場所の社会化訓練は、こんな衝突があるから、とても気を使う必要があるのだ。このときも運良く何も起こらなかった。

No.1-c14
やっと独りになれてホッと一息
プレッシャーを感じて、「こりゃイスの下から出た方がまだまし！」と出て来た。そして、ホッとしたのだろう。体を振った。

No.1-c15
このようなシーンを見たら、注意！
確かに白い犬は、パピードラマの主人公であった。「犬見知り」せずに、社交性のあるいい犬だと、誰もが思うだろう。しかし、こういう犬は時々、相手のダメ！という限界を無視して、押してくることがあるのだ。行動をコントロールするよう（犬と犬の間に入って遮断するなど）、トレーナーは気をつけて行動を観察すること。ここでも、彼はオレンジの犬に圧力を加えている。「おい、おしりのニオイを嗅がせろよ！」。一瞬、動きが止まった。2頭の間に緊張が見られる。

No.1-c16
再び見つかるチワワ
スペースがないために、チワワはかかわりたくないオレンジ犬と再び出会うことに。もう少し広ければ、チワワはもうこれ以上、犬にかち合うことがなかったのだが。チワワの意図は私たちはもうわかっているので、ここで遮ってあげること。これも狭いところでの社会化訓練をするためのテクニックだ。

No.1-c17
人影に避難
チワワは、また影に隠れた。この子はこのまま、ここに居させてあげるべきだろう。

Chapter 2

子犬の成長と学習

Puppy development and growth

目が開き、鼻がきくようになり、いろいろな音に慣れ…、
子犬は体の成長に合わせていろいろなことを学習していきます。
家族に迎える時期は、子犬にとってのどのような時期なのでしょうか。

2-1 子犬期の発達

犬の行動遺伝の研究で有名なScott & Fuller氏の1950年から1960年代の研究によると、子犬期の発展段階は3つに分けられるとしています。
- 新生子期：生後　0～13日目
- 移行期　：生後 13～20日目
- 社会化期：生後　3～12週目

スウェーデンの生物学者であり、犬の行動と訓練の研究で著名なラーシュ・フェルト氏はさらに、社会化期の期間をむしろ18カ月もしくは24カ月までに延ばしてもいいだろうと提案しています。この間に犬は環境に適応し、より複雑なことを学習したり、社会性を発達させたりしてゆくからです。

2-1-1 新生子期（生後0日目から13日目）の成長

デンマークを含めた北欧諸国では、ペットショップで犬猫を売ることが法律で禁止されています。なので、すべての子犬はブリーダーの家庭で生まれ、メス犬は犬用のふかふかとしたベッドに横になって子犬のケアをすることができます。ケージに閉じ込めたままメス犬を「子育て」に使うということは、動物愛護法で厳しく禁止されています。母犬は子犬を授乳するために、あるいは子犬に暖を与えるために柵の中のベッドかマットレスに寝そべりますが、母犬には柵を出て動く自由が与えられているのが一般的です。多くのブリーダーはたいてい自分の寝室を母犬と一緒にシェアして、この新生子期の2週間は一緒に成長を見守ります。この方がブリーダーも夜の間、常に監視の目を光らせることができます。日中は人の出入りがあるので、誰も入ってこない寝室は、母犬にストレスを課さずに落ち着いて子育てに専念させてあげられるので、好都合です。

No.2-a01

母犬と子犬が過ごす環境

スウェーデンでのゴールデン・レトリーバーのブリーダー宅にて。後ろに赤いベッドが見える。ブリーダーは、2週間ほど母犬と同じ部屋をシェアする。日中はここに誰も入って来ないので、母犬に落ち着いた、ストレスのない環境を与えることができる。

●生後1週目

No.2-a02

新生子期では、まだ目が開いておらず、耳も聞こえない。温度調節もできないので、母親の体温に頼る。嗅覚もわずかにある程度で（おそらくミルクにある成分のニオイはわかるのではないか）、母親を嗅覚で探し当てることもできないほどだ。この時期そっと撫でてあげると、神経細胞の発達を促してあげることができる。この頃の子犬は抱いて持ち歩いたりしてはいけない。神経ホルモン系統に好ましくない影響を与え、将来ストレスに陥りやすい気質をつくってしまうかもしれないからだ。「幼児を抱いて歩き回る」というのは、人間が赤ちゃんにいだく本能的な行動であり、子犬が欲しているものではない。

子犬の成長と学習　Puppy development and growth

●生後5日目

No.2-a03

ボーダー・コリーの生後5日目の子犬たち。乳を飲むときの前脚の動きは、後の食べ物をねだる動作や子犬らしい動作、遊びを誘う動作の由来となる。

2-1-2　移行期（生後13日目から20日目）の成長

　生後2週目までは、それほど大きく成長することはありません。しかし生後2週目弱で目が開きはじめます。目が開いたからといって、まだ目の神経や筋肉が発達しているわけではないので、成犬が見えるようには世の中を見ることはできません。
　生後4～5週目で網膜や目の神経ができあがります。しかし、大人の犬とほぼ同じ視力を持てるのは、生後7週目から8週目。それでも、まだ距離感がつかめません。転がるボールや左右に揺れるものを時々ぼ～っと見つめているのは、そのためです。
　生後20日目には、手を叩いた音は聞こえると言われていますが、犬の聴覚がそれ以前にほかの音も拾っている可能性はおおいにあるでしょう。この時期のもう一つ大事な変化は、歯が生えはじめます。そして、以前は口で吸うだけだったのに、何かそのへんのものをかじろうとするようになります。尾を振りはじめるのも、この頃です。

●生後13～20日目

No.2-a04

移行期では、前脚のみならず後脚を動かせるようになる。母犬とほかの兄弟とのコンタクトもさらに多くなってくるし、何か一緒に行動をしはじめようとする。
　この頃既に、学習もできるようになる。Fuller氏らの1950～60年代の研究では、子犬にある音を聞かせ、痛みを与えれば、音と痛みを連想することができるということだ。よって、ストレスに満ちた環境でこの頃を過ごすということは、既に子犬のメンタル面で影響を与えてしまうということでもある。

2-1-3 社会化期（生後3週目から12週目）の成長

　この時期は、犬が自分の種を理解する時期とも言われています。生後3週目から12週目までチワワの子犬を猫と一緒に育てたという実験があり、その後、チワワは、チワワではなく猫を友達として選んだということです。また生後14週目までに、人間とかかわり合いを持たなかった子犬は、その後、人間と仲良くするのがすごくむずかしいということもわかっています。

　過去のいろいろな実験結果を統合すると、子犬の生後3週目から12週目というのが一番敏感な時期であり、この間にいかにほかの犬（母犬と兄弟犬）や人間とかかわったかというのは、その後の子犬の行動に深く影響を与えます。前述したように、この時期では既にある出来事に対しての結果を連想できるようになっています。その能力は、子犬が犬の言葉を学習するためにも非常に大事なものです。

　だからこそ、この間ショーウィンドウに独りぼっちで買い手が現れるのを待っている状態ではいけないのです。

　こういう実験があります。あまり人間とのコンタクトを取らせないような状況で、子犬を育てます。ある子犬は生後3～4週目まで、ある子犬は5週目になるまで、ほとんど人とコンタクトを取らせません。この子犬を知らない人がいるある部屋に10分間置き去りにして、その人間に対してコンタクトを取るまでの時間を観察しました。そのとき、生後5週目の子犬は、生後3～4週目の子犬にくらべて、人にコンタクトを取るまで多くの時間を要しました。さらに、生後7週目の子犬では2日間に分けて行なってやっとコンタクトを取りました。

　この実験が意味するのは、生後5週目から子犬には「恐れる」という感情が生まれはじめるということ。つまり、この頃からいろいろな環境の音やニオイ、そして印象や人間の存在などに慣れさせていないと、すべてを怖がるようになってしまうのです。

　これよりブリーダーは、生後5週目あたりから子犬と積極的にコンタクトをとることが北欧では勧められています。同胎の子犬全員で、そして1頭1頭個別に、その家に住む人間がコンタクトを取ります。また、同居しているほかの犬や動物の存在にも慣らしてあげるようにします。生後4～5週目の子犬では、1日5分から10分程度、生後7週から8週目の子犬では、20分から30分の人とのコンタクトが必要です。このコンタクトの中で、ブリーダーは犬を膝において、静かに撫でてあげます。人間の存在や手のぬくもり、そして人間は安全であるという安心感を子犬は徐々に学びはじめます。

●生後2～3週目

　生後2週目を過ぎて、子犬がだんだん動きはじめるようになる。この頃ブリーダーは子犬と母犬の囲いを寝室から居間の一角に移動する。こうして日常の音、声、人々の行き来、様々な生活のニオイに慣れてゆく。

子犬の成長と学習　Puppy development and growth

子犬期の発達

●生後3週目

No.2-a07

　生後3週目までには、この通り寝床から出て、外でおしっこをするようになる。しつけたわけではない。子犬はこの頃自発的に寝床から出るのだ。

No.2-a08

　生後3週目前後から母犬はミルクを飲ませるのを拒むこともある。完全な乳離れは生後7〜8週目であるが、時には生後11〜12週目になっても母の乳を飲む子犬がいるのは、母犬がまだ乳を体の中で作っていることもあるからだ。ちなみに、この母犬が舌をぺろりとだしているのは、ストレスでもないし、カーミングシグナルでもない。心地いいのである。リラックスしている母犬の図だ！

No.2-a09

　生後3週目になると、北欧のブリーダーが子犬に母乳のサプリメントとして、オートミールの粥を与えてミネラルを補強する。このときに皆で一緒に食べることになるのだが、これがよい社会化訓練を与える。同じフードボールから皆で食べる。
　ブリーダーによっては個々にフードボールを用意すべきだと主張する人もいるが、生後8週目までであれば、むしろほかの犬とどう譲歩したらいいかや、どのように振る舞うべきなのかの社会的スキルを学ぶことができる。もちろん、この方法を用いる場合、ブリーダーの責任も大きい。すべての子犬が必要な量を摂取するよう、気をつけていなければならないからだ。

●生後3〜4週目

No.2-a10

最初は、子犬は偶然に一緒にいたものだが、生後3〜4週目になると意識的に兄弟の誰かについてゆこうとする。誰かがもそもそとベッドから出ようとすると、1頭がそれに気づきついてゆこうとする。そして生後5週目になれば一緒に走りはじめる。

No.2-a11

生後26日目のゴールデン・レトリーバーの子犬。生後3週目を過ぎるとお互いを咬んだり、取っ組み合いをしたりと、犬らしい遊びをはじめる。

No.2-a12

子犬の生後4週目というのは、まさに犬の成長エンジンが全開するとき。外界の様々なものを積極的に探索しようとする。そして「探索」自体が犬の脳に刺激を与え、健全な好奇心を育て、自信を備えた気質を培う土台となる。

子犬の成長と学習　Puppy development and growth

●生後3～6週半

No.2-a13

　流動食を与える生後3週目から、食事が来るときには一度笛を吹いて与える。この頃になると、あるひとつの事象とそれに引き続く出来事を連想させることができるからだ。つまり学習。こうして笛の音と食べ物を連想させることで、将来呼び戻しのときに笛を使うことができる。そしてこれだけ早い時期に行っていれば、それだけ刷り込まれる度合いも高くなる。この写真の子犬は生後6週半で、笛の音を聞かせてから3週間半経つのだが、笛の音を聞いただけで喜んで飛んでやってくるようになった。このような学習を入れてもらえるのも、丁寧に育てているブリーダーのところで子犬を得るメリットだ。呼び戻しは、犬と住む上で大事な大事なスキル！
　ブリーダーのところで既に教育を受けていれば、飼い主にとって後の訓練が断然にやさしくなる。

●生後7週目

No.2-a14

　生後7週目になると、兄弟内での遊びに咬むことや取っ組み合いが増えてくる。歯は鋭く、耳や唇を咬まれたら痛いものである。子犬はそのとき「キャ～ン！」と鳴き叫び、そして咬み返そうとする。この攻撃に満ちた遊びの中で、子犬はどれだけ歯の加減をすれば、相手に逃げられないで遊びが続くのかということを学ぶ。生後7週目に子犬が兄弟たちとまだ時間を過ごすというのは、今後の自制心形成にもとても大事な時期だ。そして、この遊びの中で、子犬は相手のリアクションを見ながら、お互いのボディランゲージを学ぶ。
　この頃グループで1頭を襲う（？）遊びをはじめることもある。犬種によっては、兄弟内でのケンカ遊びが激しくて、1頭を離さなければならないことも（アメリカの研究では、ワイヤード・フォックス・テリアを例に出していた）。

No.2-a15

　社会化の時期、子犬は誰とお付き合いができるのかということのみならず、どうお付き合いすればいいのかということも、ほかの犬と交わることで学ぶ。自分の出すシグナルが相手に怒りをもたらすのか、怖がらせてしまうのか、相手に興味を持たせるか。だからこの時期における「言葉学習」を逃してしまうと、何をしてもほかの犬を怒らせてしまったり、反感を買う犬になってしまうリスクが高いのだ。相手からいい反応がもらえないために、一層その犬は自信をなくしシャイになってしまう。悪循環だ。

●生後3週目〜12週目

No.2-a16

　大事な社会化期、生後3週目から12週目は、環境訓練もとても大事な時期だ。この間、子犬を過保護にしてどこにも外に出さないでいると、その後、世の中を自分で探索してみよう、発見してみようという気力も培われず、子犬の精神発展にネガティブな効果を与える。ある研究によると、生後14週目でパピーウォーカーに出された盲導犬の子犬は、生後10〜12週目に出された子犬ほどは、精神が安定した盲導犬にならなかったということだ。

　さらに、生後4カ月目に飼い主の元にもらわれた子犬は、生後2カ月目にもらわれた子犬よりも、恐がりの問題を抱えた（この子犬はお互い兄弟である）。

●生後8週目

No.2-a17

　スウェーデンの犬行動学の権威であるラーシュ・フェルト氏は興味深いことを、著書で述べている。ブリーダーの元にいると、飼い主の元にいるよりも集中的にケアがもらえない。その点、犬の飼い主は1頭に集中してケアを丁寧に行なう。だから、環境訓練も飼い主の元にいる方が充実する。よって、環境訓練のためにも（つまり健全な精神発展のためにも）、生後8週目で子犬はブリーダーの元を出るべきだと提唱している。

　兄弟や母犬との社会関係での成長、そして免疫力をつけるためにも、子犬が飼い主の元に行くのは生後8週目よりも早すぎてもいけないし、これより遅くなりすぎてもいけない。生後8週目というのは、決定的な週齢であるのだ。

2-1-4 子犬の脳の発達

　環境エンリッチメントとは、人間の元で飼われている動物に自然な能力を発揮できるような環境を与え、できるだけストレスのない暮らしを設定する手段のこと。現在、動物園や水族館などでの適度な刺激のある環境を作り出そうとする取り組みも、この一つです。子犬にとって、脳を発達させる社会化期にこの環境エンリッチメントが行われたかは、後の精神発展に大きな影響を与えます。

　生後12週目から16週目の子犬を対象に、環境の刺激がどのように子犬の気質の発展に及ぼすかという実験が、M. W. フォックス氏によって行なわれています。環境からの刺激が多い退屈しないところで育てられた子犬、そして環境からの刺激があまりないところで育てた子犬を比較してみました。結果は、環境からの刺激が豊かなところで育った犬は、安定した、好奇心に溢れた、そして勇敢な気質の犬になりました。そして刺激に乏しい環境で育った犬は、恐がりの犬になりました。

　ほかの実験では、10カ月になるオス犬たちを環境訓練なしに育て、普通に育った犬と比較をしました。すると、環境訓練をいれていない犬は、ハイパーアクティブ、セカセカして落ち着くことができない犬になってしまいました。発情しているメス犬に異常な興奮を見せ、メス犬のボディランゲージにも正しく反応することができません。

　以上から、社会期に何も刺激のない生活を強いられると、どんなに脳の発展に支障をきたすかということが理解できたと思います。刺激に慣れていないので、何にも集中できない状態になってしまうのです。集中力については、リラックス・トレーニングのところでも環境訓練の章でも述べているので、それも参考にしてみてください。

●生後3週目

No.2-a18

脳の発達を助ける楽しい刺激

　囲いの中には、既にたくさんのオモチャがあることに注目。これは、子犬の住む場所の環境エンリッチメント。登るところがあったり、もぐるところがあったり、咬むもの、触ってみるものがあったり。こうした刺激は、子犬の脳の発達を助ける。ブリーダー（パピーミルのブリーダーではなく！）のところでなぜ子犬を得るのがいいのか、理解が深まるだろう。

No.2-a19

母犬の環境エンリッチメントも忘れずに

子犬の環境エンリッチメントのみならず、母犬のエンリッチメントも考えねば。まず母犬を気持ちよく過ごさせてあげないことには、母犬が子犬にゆったりと接することなど不可能だ。囲いには、母犬ならまたげるほどの出口がある。母犬が子犬を「ちょっとうるさいわ、一息必要！」というときに、自由に出ることができる。

●生後4〜5週目

No.2-a20

生後4週目から5週目になったら、子犬の社会化、特に人間とのコンタクトを頻繁に行うことだ。こうして抱いて、人間の顔や息を嗅がせてあげる。まだ嗅覚は完全に出来上がっていないので、できるだけ顔の近くに子犬を持ってきてもいいだろう。頻繁に行うことで、徐々にニオイに刷り込まれて行くことになる。子犬の将来の生活は、人間との生活である。だからこそ、人間のニオイや、顔、口、手に慣れる（ストレスのない状態で）というのは、健全な精神を発達させるために大事なことである。

No.2-a21

ブリーダーが囲いの中に入ってくると、子犬がわらわらと集まってくる。こうして常にコンタクトを取っているおかげで、人間に対する愛着も一層強くなる。今後子犬をもらってくれる飼い主と強い絆を作るための、「脳の練習」を行っているようなものだ。子犬たちは、すっかりくつろいでゴロゴロと横になり、幸せなときを過ごす。

子犬の成長と学習　Puppy development and growth

子犬期の発達

No.2-a22
スポーツ犬は道具にも慣らそう

　生後4週目のボーダー・コリー。すでにアジリティ・トンネルの中に入ってもへっちゃら！　このパピーが遊べる囲いには、あちこちに潜ったり入ったりするところがある。この子犬のブリーダーはデンマークでアジリティ・チャンピオンを勝ち取った。精神的に豊かで協調的で自信を備えた子犬を育てたいという目的があるために、環境エンリッチメントに怠りがない。

No.2-a23
母犬と一緒に外の環境を楽しませる

　生後4週目になれば、こうして母親と一緒に庭に出して、外を探索する機会を与える。今までと違うのは、感覚が発達しはじめているので、初めて見る草を咬んでみたり、土のニオイを嗅いでみたりと、何かを経験できる能力を既に備えていること。母犬と一緒にいることで安心感を得た子犬たちは、落ち着いて探索することができる。
　嗅覚、視覚、聴覚、触覚など様々な感覚が、4週目では発達している最中だからこそ、正常な発達のためには刺激が必要だ。外の探検は素晴らしい機会を与える。

No.2-a24

No.2-a25

　生後4週目になったら、子犬を欲しいという人に一度下見に来てもらってもOKだ。家族以外の人に会うのも、子犬にとってはよい環境エンリッチメントであり、社会化訓練となる。同時にブリーダーは、飼い主が適切な人であるかどうか、いろいろ家庭の事情やライフスタイル、一日のルーティンなどについてインタビューを行う。
　しかしいくら社会化訓練になるとはいえ、やたらに子犬を他人に抱かせないこと。頻繁に知らない人が来て、常に抱かれていたら、子犬にとってストレスになる。
　写真No.2-a24の手の持ち主は、子犬を触るときに顎から手を入れてそっと触っている。犬の接し方としてはパーフェクト。決して頭から撫でるような触り方をしてはいけない。犬をびっくりさせてしまうだけだ。頭の上から何かがくることに、子犬に限らず犬は皆敏感になる。
　写真No.2-a25は、犬を何年か飼っていたという人だが、犬のトレーニングを過去にあまり行ったことがない。写真No.2-a24の人は、犬のトレーニングが趣味であるという人。さすが犬の感情を理解している。写真No.2-a25の人のように、いきなり手を頭に持ってきて、撫でるというような触り方をしないように！
　子犬の買い手のこんなわずかな犬とのやり取りを見ても、犬を理解している人とそうではない人の区別がほぼつく。

No.2-a26

外部の人に子犬を触らせるとき、まずこうして最初に手のニオイを嗅がせて、手がやってきますよ！ということを知らせてあげる。それから顎から胸にかけてそっと撫でることだ。これは犬に限らず動物を撫でるときの基本でもある。

No.2-a27

生後4週目は、嗅覚が発達しはじめているまさに途上。ブリーダー宅に出向いて、自分の服や家にあるマットなどを渡しておく。そして子犬にあなたのニオイを刷り込んであげるのもいい。子犬は複数いるはずだが、そこにあなたのニオイがあるというだけでいいのだ。だから誰がそのマットを使おうが構わない。逆に、子犬が新しい家にやって来るときは、ブリーダーのところにあったマットを一部もらって来る。そうすれば、子犬は急に知らない場所に来ても、少なくとも自分の馴染みのあるニオイがあることで安心する。

●生後5〜6週目

No.2-a28

ブリーダー宅で家庭の環境に慣らす

スウェーデンのパピヨンのブリーダー宅にて。ほとんどはこのような家庭環境で子犬をブリーディングしている。子犬が生後5〜6週目になれば、囲いから時々出してあげる。そして台所や玄関を探索させる。環境エンリッチメントといっても、何でも限度問題。騒々しく往来が激しいところでは刺激が強すぎて、かえって子犬を怖がらせ、ストレスを課す。家庭の台所や居間ぐらいの刺激は、子犬や母犬にとってちょうどよい。

子犬の成長と学習　　Puppy development and growth

No.2-a29

子犬も母犬も囲いの外に出してあげた。ひと通り散策を終えたら、母犬は横になり、子犬にミルクを与える。
　後ろでブリーダーが見守っている。子犬はこんな風に、人と母犬と穏やかにすくすく育つ。

No.2-a30

外に出ると、とりあえず草を咬んでみる。子犬は家の中のものを何でもかじることで悪名高いが、外に出ても同じだ！咬んで何でもものを確かめる！

●生後7〜8週目

No.2-a31

母犬と子犬を連れて近所へお出かけ

　もう数日で、各々の家庭に渡すという日。ブリーダーは子犬全員と母犬を連れて、公園に繰り出した。母犬はもちろん、公共の場所に出ても動じない。そんな姿を子犬たちは見て、新しい環境に安心する。新しい飼い主のところに行っても、少々のことで動じない肝っ玉訓練である。こうして、心に余裕のある物事を恐れない子犬に育つ。

2-1-5 思春期のホルモンバランスと必要な学習

　子犬時代にしっかりしつけをした、言うことは何でもこなしてくれる、呼べば戻ってくるし、外に出てもとても行儀よく振る舞う、そんないい子が突然、行動を変えてしまう時期があります。呼んでもなかなか来ないし、急に何かに怖がってワンワン吠えたり…。以前は見ても何も反応しなかったのに！
　犬に思春期が訪れた証拠です。そう、犬にも思春期、つまり反抗期があるのですね。反抗期は身体が熟した後に、今度は精神的に犬が大人らしく成長していく一つのプロセス期間。野生の世界、つまりオオカミであれば、性的に成熟したこの時期に群れを出て自立します。そして、自分のテリトリーを作ります。しかし、飼い犬はオオカミと同じように家族を離れ、自立するわけにはいけません。この時期を迎えた飼い主は、慌てず落ち着いて愛犬に対処することです。
　飼い主の言うことを突然聞かなくなってしまうのは、今までのような依存心がなくなり、大人の犬になろうとして、より独立しようとしているから。そしてオス犬がほかのオス犬に対してケンカがましい態度を取るのは、オスのホルモン（テストステロン）が今までになく高濃度で体をかけめぐっているから。身体的にも精神的にも成熟しようと、最後の大きなステップを踏んでいるところです。

思春期のシェパードのオス。やたらに怖がったり威嚇してみせたりする。

●思春期に起こりやすい行動とその対策

・たいていの場合、子犬時代の終わりは生後６カ月。その後、人間で言うティーンエイジャーの時期を迎える。ただし小型犬では、思春期の時期は通常の犬より早く、既に４～５カ月齢から始まる。

・大型犬、たとえばレトリーバーやシェパードでは、思春期は７カ月以降、あるいは１歳を迎えた後にやってくることも。そして思春期の終わりはだいたい２歳になるまで。しかし、犬種によって、あるいはブリーディングのラインによって様々なパターンを見せる。

・生後７カ月から１０カ月目は、犬が身体的に成熟するとき。この頃からオス犬であれば、脚をあげてオシッコをしはじめるようになる。メス犬は初めての発情期を迎える。

・今までほど飼い主に対して完全な集中力を見せなくなり、また勝手なことをしてしまいがち。

・この頃から今まで恐がりもしなかったことに、突然恐怖心を感じる。例えば道ばたの看板やゴミ箱にワンワン吠えはじめたりする。つまり、より防衛的な本能が育ってゆく時期なのだ（その後、経験によってゴミ箱に吠える必要がないというのを、あらためて学習する）。

・めきめきと育ちつつある防衛心のために、ほかの犬あるいは自分の知らない人に対して、より攻撃的な態度を取る犬もいる。そして、子犬の頃、何かにつけて「怖い」と経験していた犬は、この時期になって「恐がり癖」を、「かかわりたくありません」とばかりに、

子犬の成長と学習　Puppy development and growth

子犬期の発達

このメスのハスキーは生後10カ月。まさに思春期真っ盛り。逆毛を立てて、はったりをかけながら、自信のなさも見せている。このようなアンバランスな精神状態が、思春期の特徴。

よりびくびくして表現するか、攻撃的な行動で表す。

・散歩をしていても以前のようなコンタクトはもう取ってくれない。より自立して、自分で好きな方向に行こうとする。

・ほかの犬に対して態度を変える。オス犬はオス犬に対して力比べをしようと、より挑戦的な態度に出てくる。メス犬も、ほかのメス犬に対して以前ほどフレンドリーさを見せなくなり、時には攻撃的な行動に出ようとする。

・異性に、より興味を持つ。

・大型犬は、生後17カ月から24カ月にかけて2度目の思春期を迎える。この時期は身体的というよりも、精神的に心理的に成熟を迎えるところだ。

・反抗期の犬と付き合うのなら、自分が愛犬の間でつくってきたルールの中で一番大切な項目だけは守らせるように。決してしつけはあきらめてはいけない。しかし、一気に多くを要求しないこと。というのも、集中力が落ちている犬に多くを要求しても、あなたはイライラするだろうし、犬はあなたの意図が理解できず余計に不安定になる。

・若いオス犬の中には、自分の能力を試すために、別のオスに戦いを挑んでゆく犬も出てくる。しかし、余計なことを体験させないように。この頃体験したことは、そのまま学習につながり、オス犬を見たとたんに攻撃的な態度を持つ犬になってしまう可能性も大なのだ。余計な学習をさせたくないと思ったら、できるだけ「望ましくない」状況から犬を離すこと。例えば、ほかのオス犬が向こうに見えて、「やばい！」と思った瞬間に踵を返しその場を何気なく（慌ててはいけません！）立ち去ってみる。犬が吠えたり唸ったりしてからでは遅いので（この行動は経験によって学習されるのだ）、向こうに犬が見えた瞬間、愛犬のボディランゲージを読んで先回りすること。

・血気盛んな故、家にじっとさせるような状況をつくって、犬にフラストレーションを与えないこと。若犬と何か行動を起こす上で一番大事なのは、「怒らなければならない状態」を作らないこと。アクティビティはあくまでも楽しく！　反抗期の間は、犬が得意とするものをさせてあげる。嗅覚遊びや簡単なアジリティなら、愛犬が失敗することなく、飼い主も犬も両方が楽しい思いをすることができる。必ず成功するということは、すなわち飼い主がイライラしなくて済むということ。どうか、この時期によりよい関係を犬と作ってほしい。思春期を何とか乗り越えれば、犬はより飼い主に信頼を置くようになる。

ほかのオスとにらみ合い競争をはじめるのもこの頃。この飼い主は、犬同士が視線を合せないよう、トリーツで目をそらそうとしている。

2-2 子犬を家族に迎えたら

子犬は母犬や兄妹犬と別れて、新しい環境に身をおきます。そこから、子犬の新しい生活がはじまります。子犬は、人間や人間社会と協調し、適応することを学ばなければなりません。私たち人も同様に、いかに犬の要求を満たし、そして互いにギブ＆テイクの良き関係になるべきか、基礎となる知識とコツを学ぶ必要があります。犬と人との生活とは、まさに協調関係にほかならないのです。

2-2-1 迎え初めの1週間

自由に行動させる・そっとしておく

子犬がやってきて初めの一週間は、とにかく子犬をそっとしておくこと。私たちは、まるで客を案内するように「これがベッドルームで、これがあなたの遊ぶ部屋で～！」なんて犬に見せる必要はありません。子犬はまだ来たばかりで、何がなんだかわからない。ほとんど天と地がひっくりかえったような状態にあります。だから、子犬にとってまず大事なのは、一息つくこと。それが済んだら、自分で勝手に部屋の中を探索するはずです。部屋の床に子犬を降ろしたその瞬間から、何を見るか、どこに行くかは子犬に任せます。子犬に入ってほしくないところは、あらかじめ柵をしたりドアを閉めたりして対策をしておきます。

むやみに抱っこしない・さわらない

次のルールは、子犬をやたらと抱き上げない！さわらない。犬にとって"抱かれる"という状態は自然ではありません。抱くというのは、人間のように自由に使える腕があるからこそできる行為です。子犬はもちろん母犬の近くにぴったりと寄り添っていますが、常に地に脚がついている状態です。よって、犬は人間の赤ちゃんほど"抱かれる"ことに安心感を抱きません。たとえ何も抵抗しなくても、やはり地に自分の4つ脚で立っている方が安全を感じます。飼い主として信頼を犬から得たいのであれば、犬が安心を感じない行為を行わないように。特に、来たばかりの子犬を抱っこし過ぎたりさわり過ぎた

子犬の成長と学習　Puppy development and growth

寝かしつける必要はない

　飼い主が子犬を寝かしつける必要もありません。子守唄を歌ったり、ゆりかごに乗せたりする必要もなし。抱っこをしながら、体をぽんぽん叩いたり、揺らして寝かせようとしたら、子犬をより不安にしてしまいます。体をぽんぽん叩きながら犬を撫でる人もいますが、振動で犬はむしろ不快に感じ苛つかせてしまいます。

子犬の落ち着ける場所をつくる

　どこか落ちつける場所、そして家族がよく訪れるところに、犬用のベッドを置いてあげます。子犬が来たばかりのときは、寝床の横に子犬を寝かしてもかまいません。1頭でいる訓練は、子犬が新しい家庭に慣れて自信がつきはじめたら行ないます。今、不安な状態で、いきなり1頭でいる訓練を行なえば、その体験はトラウマになってしまい、より情緒不安な犬にしてしまいます。

りしていると、神経をすり減らしてしまいます。たとえ成長しても、小さいときの思い出のために、飼い主をどこか100％信頼できない不安定な犬にしてしまうでしょう。

2-2-2　犬との遊びかた

子犬にとっての狩猟ごっこ

　子犬は遊び好きです。そして多くの犬は、子犬時代を卒業して成犬になっても、遊びを楽しみます。子犬の遊びの中には、狩猟に由来するたくさんの行動が入っています。追いかける、引っ張る、押さえて咬む、オモチャを運ぶ。自分から離れて遠くに飛んでゆくボールは、逃げるウサギやシカです。そして引っ張り合いのときに使われる布オモチャは、抵抗する獲物を掴んで放さないという行為を満足させているものです。オモチャを咥えたら、最後にブンブン振りますね。あれは、獲物にとどめを刺しているところです。「殺してやる！」。

　狩猟行動は犬にとって、それほど大事な行動なので、狩猟に必要な「動き」というものが生まれつき体にプログラムされています。しかし、どれぐらいプログラムされているかというのは、個体そして犬種

にもよります。

つまり、犬という動物として"遊ぶ"ということは、全く間違った行為ではありません。トレーナーの中には、犬を遊ばせてはいけないという人もいます。しかし、"遊び"は自然な欲求です。だから私としては、これをなんとか満たしてあげることも、飼い主の役目だと思うのです。ただし、節制を持って遊ぶことです。

追いかけるという狩猟行動を誘発させると、ストレス・ホルモンがたくさん出されます。これは"追いかける"という行為が、犬にとって「ストレス」になるという意味ではありません。ストレス・ホルモン（アドレナリン）とは、すなわち体をアクティブにするためのホルモンと言ってもいいでしょう。しかし、このホルモンが通常の血中濃度に戻るまで、しばらく時間がかかります。数時間とかいうものではなく、時に数日かかるのです。ところが、元に戻る間もなく再びボールやフリスビーといった激しい追いかけっこ遊びを行うと、さらにアクティブにするためのホルモンが出され、ついには体が慢性的に「テンション」の高い状態に保たれてしまいます。これがストレスを生みます。自分は休みたいのだけど、体の方が「カッカ」している。体が休めない状態に陥ってしまうのですね。だからボール遊び、引っ張りっこ遊びを勧めないトレーナーがいるのです。

しかし、私は程度を守れば、そして犬の個体個体に合わせた遊びをするのなら、ボール遊びや引っ張りっこ遊びは、害はないと思っています。ただし、引っ張りっこ遊びについては、子犬の歯がまだ生え変わっていないときは、勧めません。

ボール遊び（あるいはもの投げ遊び）

犬の有り余ったエネルギーを散歩で燃焼するかわりに、ボール遊びあるいは枝を投げることで犬を疲れさせればいいという人がいます。

これは、「間違った」運動です。というのも、ボールを投げる度に、犬の狩猟行動"追いかける"を誘発させます。前述したように、このときに出されるホルモンが犬を「カッカ」させます。ボール遊びでは、「追いかける！　捕まえた！　殺す！　かじる！　食べる、そしてお腹いっぱいになって寝る」という本来の狩猟行動パターンが完結されません。常にボール（獲物）を追いかけている状態なので、犬は一向に疲れる様子を見せません。それどころか、どんどん興奮してゆく一方。だから飼い主は「こんなに喜んでいる！」と、これでもかとボールを投げ続ける。しかし、犬が疲れを見せないのはホルモンのなせる技。繰り返しボールを追いかけさせていると、実は体はすごく参ってくるのです。

そして困ったことに、子犬のときからボールを使って興奮させていると、それが癖のようになってしまい、成犬になってもボールを見るだけで非常に興奮してストレス行動を見せるようになり、悪くす

子犬の成長と学習　Puppy development and growth

れば「慢性ストレス」を抱えた犬になってしまうでしょう。いつも、何かアクティビティがあるんじゃないか、あるんじゃないかと、セカセカした犬になります。

熱しやすいタイプの犬、たとえばテリアや牧羊犬種（ボーダー・コリーやベルジアン・シェパード、ジャーマン・シェパードなど）を飼っていれば、ボールや枝投げ遊びは、かなり節制をして行うべきです。熱しやすいだけに、すぐにストレスに陥ってしまいます。

子犬とボール遊びをするときは、ゆるく投げるか転がすのみ。決してやり過ぎないこと。犬の個性に合わせて、遊ぶ量を調節します。いつもはシャイであまり遊びが好きじゃなくても、"ボールなら遊ぶ"という犬もいます。それなら、ボール遊びをきっかけに、飼い主と子犬の楽しい「つながり」もできあがると思います。それでも、常に節制を持って遊びましょう。

しかし成犬になれば（そして子犬のときに正しくボール遊びをしていれば）、少々ボール遊びを続けても、体の機能とリズムが既にパターン化しているので、子犬ほど害はありません。

引っ張りっこ遊び

アジリティなどドッグ・スポーツを行っている人の多くは、引っ張りっこ遊びをご褒美としておおいに活用しています。しかし引っ張りっこ遊びというのは、要注意です。アジリティ・トレーニングに経験がある人たちは、犬の「ファイト欲（引っ張って戦うぞ！）」の使い方をわかっています。どこまで熱していいのか、どこで止めるのか、そして間の取らせ方というのも理解した上で引っ張りっこ遊びをご褒美として使っています。

しかし、犬の初心者であれば、もしくは犬の個性によっては、引っ張りっこ遊びは必ずしも適切な遊び方ではありません。例えば、初心者がテリアと引っ張りっこ遊びをするのは、むずかしいことです。というのも、テリアは「ファイト欲」に溢れた犬種であり、引っ張りっこは彼らの大得意芸です。だからこそ興奮させすぎて、初心者であればその行動のコントロールが取れないこともあります。この理由で、子供と犬（犬種にかかわらず）が引っ張りっこ遊びをするというのは、私は絶対に勧めません。

引っ張りっこ遊びをするときは、「はじめていいよ！」と「ストップ」という合図を入れるなど、ルールを設けて遊ぶべきでしょう。物品を差し出し「いいよ！」と引っ張りっこを許します。そして「ストップ！」。物品を口から出すときは、何かほかのオモチャやトリーツで物々交換をして、引っ張りっこ遊

びの中断を行います。
　このようなルールを設けておくと、ヒラヒラするジャケットやズボンの裾に咬み付いてきても、「ここでは引っ張りっこ遊びをしないのだよ」と、既に教えてあるストップの合図を出して止めさせることができます。「はじめていいよ」という合図があったときだけ引っ張りっこ遊びができることを、徐々に学んでゆくはずです（しかし、子犬時代はどうしても咬み付き遊びが止められないものです）。

遊びたがらない犬と遊ぶ必要がある？

　そもそも子犬が遊びたがらない、というのは不自然だと思います。まずは、体の調子がどこかよくないのかと、健康状態を疑うべきでしょう。獣医に連れて行って検査をしてもらうのもいいかもしれません。
　また社会化訓練の大事な時期（つまり3週目から12週目の間）に、兄弟犬たちや母犬と交わらなかった場合、どこか精神的にハンディキャップを負い、通常の子犬らしい行動を見せられない犬もいます。
　「遊ぶ」といっても、ボール遊びや引っ張りっこという概念にとらわれず、後述する「静かな遊び」という方法もあるのですから、いろいろトライして何がぴったりな遊び方なのか探してみるといいでしょう。もしかして、外に出て塀から塀を飛び越えるという遊びなら好きだという犬もいるでしょう。

　遊びというのは犬の世界では大変大事なものです。遊びを通して、相手とのやり取りや、さらには自制心を学ぶことができます。
　なかなかオモチャを取りにくいという子犬には、紐にオモチャをくくりつけて、それであちこち這わせて追いかけさせると、気持ちが乗りやすくなります。

静かな遊び、子犬のメンタル・アクティビティ

　追いかけさせたり、引っ張りっこをするだけが遊びではありません。静かな遊び、というものもあります。犬は鼻を使うのが大好きです。これはおおくの飼い主に見過ごされている事実です。というのも、人間は鼻の動物ではないですからね。しかし、犬にとって鼻は大事な大事な器官です。それを使わせてあげると、より私たちは犬の目線で「楽しいこと」を提供することができます。

子犬の成長と学習　Puppy development and growth

鼻での作業は、追いかけっことは異なる集中力を使わせます。集中するには、落ち着いていなければなりません。なので鼻を使う遊びは、ストレスでせかつく犬のためのトレーニングにもよく用いられます。

鼻遊びは子犬が8週目でも既に行うことができます。トラッキングの訓練では、子犬のトレーニングが早ければ早いほどいいと言われています。鼻をぴったりと地面につけてニオイを追うという癖が、子犬ほどつきやすいからです。

私が子犬によく遊んであげている鼻遊びをここに紹介しましょう。

部屋でトリーツ探しごっこをする

1. 小皿に子犬が大好きな特上のトリーツを一口のせます。そのお皿をいくつか作り、子犬が分かるように部屋に散りばめます。

2. 探してごらん！の合図で子犬を放します。

3. 子犬はお皿のところに行って、トリーツを食べるでしょう。これを何回か繰り返しているうちに、「探して！」という合図で、トリーツがどこかにあるということを学習してゆくはずです。

4. 最初は子犬の目にも分かりやすいところにお皿を置きましたが、子犬が要領を得たら、お皿を少し分かりにくいところに置きます。たとえばイスの下、何かの物陰、床にタオルを置いてその下に隠すなど。工夫をしてみます。

5. 子犬がさらに慣れてくれば、お皿ではなくてトリーツをそのままどこかに隠して探させることもできます。

6. この遊びは、室内だけではなく、公園の一角でリードをつけたままでも行うことができます。ただし、リードを使うときは必ずリードが緩い状態で。トリーツを見つけたときにリードが張っていると、それに不快感を感じ、ニオイ遊びの楽しみが半減し、ニオイを嗅いで探すことにそれほど一生懸命にならなくなる犬もいます。

拾い食いが心配だという人もいるかもしれません。しかし、警察犬などもこのようなシンプルなトレーニングからはじめて、後に立派な足跡追求犬となり犯人や行方不明を捜すのですね。

犬は散歩中の拾い食いと、トリーツの探しごっこの区別がつけられないほど馬鹿ではありません。なにしろ、この探しごっこをするときは、飼い主が何かを隠し、そして犬を待たせるなど、一通りの儀式からはじめています。それを子犬はちゃんと見ています。そして「探して！」という合図が出れば、地面のニオイを嗅いで何かを探せばいいのだということを、程なく学習してゆくものです。

このほかにも、トイレットペーパーの筒にトリーツを入れて、両側をねじって蓋をします。それを犬に与えて、紙をちぎってトリーツを食べさせるという方法もあります。おおくの知育玩具は、このコンセプト「ニオイを嗅いで、食べ物をなんとか見つける」に基づいており、様々な種類があります。子犬だからと恐れずに試してみてください。

鼻遊びのほかに、「一発芸」を教えるのも楽しいでしょう。特にあなたのお子さんが少し大きくなっていれば（7歳以上）、親と一緒に教えてあげるのはいかがでしょう。トレーニングかぁ…などとむずかしく捉える必要はありません。人間と何かをするということ自体、つまり毎日が子犬にとってはトレーニングです。何しろ生まれて間もなく、何もかもが初めてなのですから。

「お手」「フセ」や、ごろりと横に転がるなど、いろいろな動作をトリーツを使って訓練することができます。子犬にとってはすべて遊びとなります。そしてこれらのやり取りを通しながら、子犬は飼い主そして家族の人に対して、強いコンタクトを築いてゆくことができます。

2-2-3 散歩と運動

　子犬がやってきて最初の一週間は、ゆっくりと家の中で過ごしてもいいし、庭があれば、そこでニオイを嗅いだりする程度で外での運動は十分です。

　もっとも子犬が生後5カ月ぐらいになるまでは、それほど長い散歩は必要ありません。しかし、これは散歩が必要ないと言っているわけではありません。環境訓練としても少しだけ外に出て、子犬の嗅覚、視覚、聴覚を刺激してあげるのは大事なことです。

　日本では、ノーリードにしてはいけない、という規制が強いようですね。ただし、もしノーリードにできる機会と場所があれば、子犬に「ついておいで」というトレーニングをリードなしで試してみてください。私はデンマークでは、子犬の飼い主に、散歩はリード無しでもやりなさいと指導しています。もちろん街中ではなく、野原や林など、人の往来があまりないところです。この頃、子犬は外に出れば、もうあなたしか頼る者はおらず、リードがなくても一生懸命に付いて行こうとします。このときの「ついていかなきゃ！」という子犬の感情を逆に利用して、子犬と飼い主のコンタクトを強めようとします。

　あなたが「あらチビちゃん、どこに行ってしまったのかしら？」と探す代わりに、子犬が「おかぁさ〜ん！」と積極的に私たちを探す立場にしむけます。飼い主はジグザグに歩いたりわざと突然歩く方向を変える、子犬が先に行き過ぎたら、急に反対方向を歩くなど。あるいは、子犬が茂みで何かを一生懸命に嗅いでいるところを、あなたはすっと物陰かあるいは薮の後ろに隠れます。子犬はハッとして周りを見渡し、いるはずの飼い主がいなくなったことに気がつくでしょう。そして一時的に慌てさせ、探させます。そのときに子犬の名前を呼んで、ついでに呼び戻しの訓練もします。やってきたら、遊んであげたりトリーツを与えます。

　こんな訓練を繰り返しているうちに、子犬は飼い主から片時も目を離してはいけないんだ（さもないと、どこにママは行ってしまうか分からない！）という態度を身につけます。そして、これこそが、犬と飼い主とのコンタクト感を培います。

　もし以上のことを日本でも練習する機会があれば、あるいは練習できる環境があれば、ぜひ行ってください。子犬時代という一番飼い主を求めている貴重な時代だからこそできるトレーニングです。

2-3 子犬のうちに教えたいこと

一緒に住んでいるのであれば、ルールも当然必要です。犬に言うことを聞かせると考えるのではなく、「どうか一緒に共同作業をしてくださいね」と、ギブ＆テイクの精神で接します。あなたは犬のしたいことを満たしてあげる。でも、だからこれだけは守ってね、と犬に要求するのは、決して残酷なことではないはずです。

2-3-1 やっていいこといけないことの区別

ポジティブ・トレーニングにも枠組みを設けよう

　ポジティブ・トレーニングとは、確かに犬を怒ったり矯正したりすることはないのですが、決して犬が何をしてもいいわけでもなければ、悪いことをしてもそのまま見逃すという意味でもありません。ポジティブ・トレーニングにも、犬がしていいこといけないことの枠組みがあります。その"してほしくない"行動が出てこないように犬を先読みし、予め防御しながら子犬を正しい方向に導くという訓練コンセプトが、多くのポジティブ・トレーニング方法です。

拾い食いの対処法

　たとえば犬が拾い食いをしそうになったとき。拾い食いする前に、犬は既にニオイを嗅ぎ、体をのばしているはずです。しかし、犬が食べるまで待たずに、ボディランゲージを観察して「あ、何か見つけたな、きっと食べるぞ！」と先読みをします。そこで「今、やっているその行動を止めなさい」という意味のストップ・シグナル（カット・オフ・シグナル）を出します。理想的には、犬は直ちに止めて、こちらにコンタクトを求めてきます。そこで褒めてあげます。

カット・オフ・シグナル

　カット・オフ・シグナルの合図として、私は「ダメ！」を使うよりも、「ストップ！」という言葉を使います。「ダメ！」というのは、「その行為は禁止です！」というもっと強いニュアンスを含むときに使っています。

　この区別に関しては、訓練者それぞれが自分で「行動を禁止する」意味の言葉を作ればいいと思います。しかし、どの言葉が何を意味するのかというのは、自分の中できちんと整理しておいてください。さもないと、犬が混乱してしまいます。

　ストップと私が言うときには、決して怒ったような声を出したり叫んだりはしません。断固とした態度を見せながら、「ストップ！」と低く落ち着いた声で犬に言い渡します。叫んだり怒鳴るような声は、パニックに陥っている状態を指します。犬は、安定した人間に惹かれます（人間も同様ですが！）。なのに、まるですっかりストレスに陥ったような様子を見せて、犬を禁止しようとするなんて、まるで逆効果ですね。誰があなたに耳を貸すでしょう！

洋服の裾を咬むときは？

犬が望まないことをしたら「その行動をやめなさい」という合図を出すだけではなく、犬の気持ちをオモチャなどでほかに向けて、それ以上行動を見せないように防ぐこともできます。

例えば、子犬があなたのジャケットの裾を咬もうとします。子犬はあなたを困らせようとして行っているのではなく、裾がヒラヒラして面白いから、狩猟欲がくすぐられ、それで遊びたがっているだけなのですね。ならば、その狩猟欲を別の方向へ導いてあげれば、とりあえず裾をパクパク咬むという行動は消失します。裾を咬もうとしたら、すぐに別のオモチャを見せて遊ばせる。それで咬むという欲を満たしてもらいます。

No.2-b01

服の裾を咬んでいる場合、絶対に動かないこと。手をバタバタさせて犬をどける動作をしないこと。裾を咬ませたままそこにとどまり、「ストップ！」と犬にカット・オフ・シグナルを出します。落ち着いたトーンで言うこと。怒ったような声で行うと、余計に犬を興奮させます。そして座って、別の咬むものを与えます。オモチャを遠くに投げて、注意をほかに向けてもいいでしょう。

家具を咬んだら？

子犬が家具を咬んだりするときは、毎回「ストップ」を言い続けるよりも、何か代わりの物を見つけてあげるのも一案でしょう。咬むという行為は、子犬にとって避けられないものです。犬ならではの自然の行為は、何か別のもので満たしてあげるべきです。

子犬の成長と学習　Puppy development and growth

2-3-2 「私と協調をしてください」トレーニング

　以下のエクササイズは、「私と協調してください」トレーニングです。子犬を迎えて一週間ゆっくりさせたら、すぐにはじめることができます。

　犬は時に、してほしくないことをしようとします。それをしないでいてくれるというのは、私と協調をしてくれているということでもあります。もちろん私も犬に協調するので、相手が聞いてくれたらその望みを叶えてあげます。こうして子犬のときから、ギブ＆テイクの関係を犬に教えてあげます。

バルダー（生後３カ月）

No.2-b02

写真は屋外で撮影されているが、皆さんはまず屋内で行ってほしい。気を散らすものがあると、なかなか犬が学習できないからだ。
　さて、私はまずトリーツ（犬が大好きな上等なトリーツ）を地面にいくつか置いた。もちろんバルダーは欲しいとばかり寄ってくるが、「ストップ」と言って、そっと手で彼の行動を阻止する。決して手荒に子犬を扱わないこと。手の動きはあくまでもやさしく！　私が最終的にバルダーに学習してほしい行動は、ストップといったら、やろうとしていたことを中止して一旦待ってくれる、という動作である。

No.2-b03

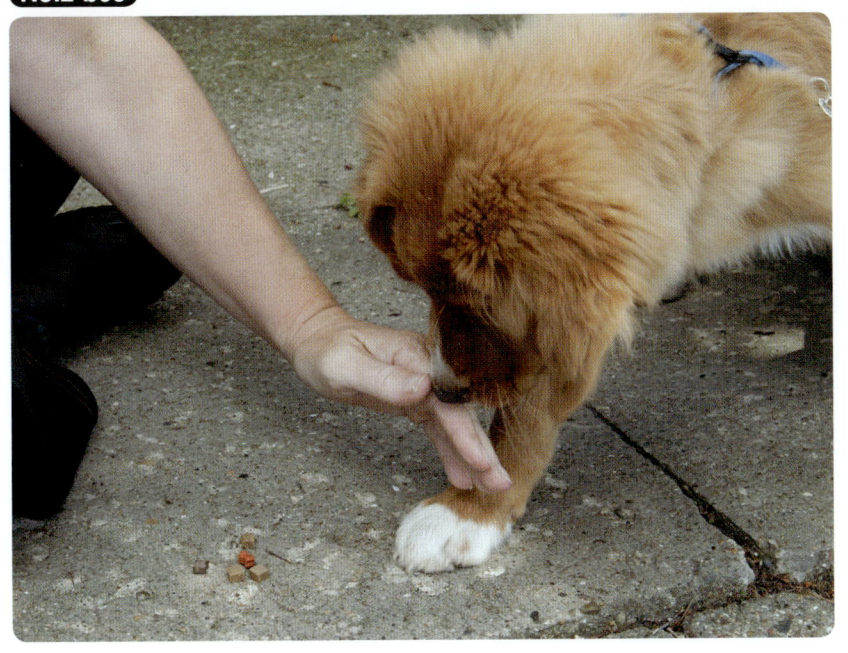

まだダメだよ！　一瞬、バルダーは"行きたい"という行動を止めてくれた。

No.2-b04

「よし！」褒め言葉を与える。「聞いてくれたのね、ありがとう。じゃぁ、トリーツをどうぞ。私もあなたに協調しますよ」。

トリーツをいくつか置いたには理由がある。子犬はこのやり取りを通して、"相手の言葉を尊重して、それを聞けばそこにある自分の欲しいものが手に入る"ということを学ぶ。"そこにあるとっても欲しいものは、「協調」という努力をしなければ得られない"ということでもある。これが群れ生活というものだ。私たちの社会と同じである。みんなが協調するから、社会が成り立つ。"人間はアルファである"という関係でどうか犬との関係を見ないでほしいのだ。

ストップ・シグナルの真意

このような協調関係は、今後の環境トレーニングの中でおおいに影響を与えてゆく。例えば、向こうにいる犬に、あなたの犬はもしかしてあいさつをしたいのかもしれない。しかし、飼い主はストップと合図をかける。「どうか、私と協調してください。そうすれば、別のものであなたを満足させてあげるから」。すかさず、トリーツを与える。

協調関係の訓練を行うことのメリットは、ストップ・シグナルが出た後に、犬が私たちから何か「いいことが起きる」と意識をこちらに向けてくれること。ほかの犬に出会って、単に「ダメ！」といって犬がこちらを見てくれるのを期待してトリーツを与えようとするよりも、予めこのような簡単なエクササイズでストップ・シグナルの意味を知っていてもらう方が、早く訓練が進む。

No.2-b05

正直な話、バルダーはこれが初めてのトレーニングであった。しかし、次に待たせたときは、既にこのゲームのコンセプトを理解しつつあった。私は彼の口のところまで手をかざさないでも済んでいることに注目。子犬の学習は、まるでスポンジのようである。理解さえすれば、スイスイと吸い取る。

子犬の成長と学習　Puppy development and growth

子犬のうちに教えたいこと

No.2-b06

手で遮るんだね。
じゃぁ、
少し待ってみよう

「あれ、手で遮るんだね。じゃぁ、僕も協調するよ。こうして少し待ってみよう」。

No.2-b07

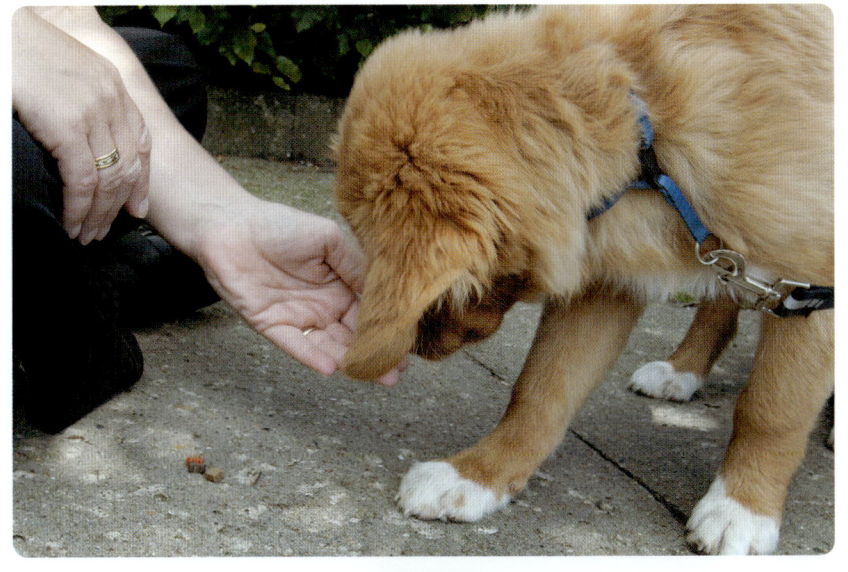

「よし！」褒め言葉を出す。協調してくれてありがとう。では、トリーツをおー つどうぞ！

No.2-b08

バルダーが理解をしはじめたので、私は座る位置を変えて、少し離れてみた。それでも、バルダーはちゃんと待つことを理解できるかな？
舌を出しているのは、バルダーが集中しているからだ。

No.2-b09

バルダーはすっかり理解している。トリーツをもらう。

No.2-b10

エクササイズは順調だ。もう少し、状況をむずかしくしてみた。今度は、私は立っている。そしてトリーツを取らないよう、「ストップ」という言葉をかけた。

No.2-b11

状況が変わると、犬というのはたとえ学習したことでも突然わからなくなってしまう。今回は待てずにトリーツを取ろうとしたので、私は体ごとで彼の前に立ち、行く手を遮った。"体で遮る"というのは、後々たとえば"ほかの犬に近づこうとするのを遮る"という状況にも役立つ。ここで原理を覚えてくれれば、いざほかの犬に出会って前に行きたがっても、体ごとで視界を遮断するだけで、犬はしようとしていた行動を止めてくれる。

子犬の成長と学習　Puppy development and growth

子犬のうちに教えたいこと

No.2-b12

今回はさすがに少しむずかしいらしく、何度かトライしなければならなかった。このような場合、数回で休憩を入れること。子犬の集中力は長続きしない。そのうち、むずがゆがったりと余計な行動を見せるし、何よりもこの「ゲーム」を楽しいと思ってくれなくなってしまう。

No.2-b13

ちゃんと待つことができたので、私は急いで体をどけて、むしろ犬に背を向けて遠ざかった。その方が、前に立ちはだかって犬が食べるのを見ているよりも、子犬は私の存在にプレッシャーを感じることなく、安心して食べることができる。

No.2-b14

もう一度試みた。

No.2-b15

「食べてもいいかな？　待ったよ」

今度はすぐに理解したみたいだ！　私の顔を一瞬見るではないか。「食べてもいいかな？　待ったよ」といわんばかりだ。これは、コンタクトトレーニングではないので、犬は私の顔を見る必要がない（ストップといったら、行動をやめてもらう、という訓練なので）。それでも、犬というのは、こうして自然に人間にアイ・コンタクトを取るものである。

アイ・コンタクトのトレーニングは必要か？

私は、特にアイ・コンタクト・トレーニングに重きを置いて子犬のトレーニングをしない。コマンド「コンタクト！」を与えて、犬にアイ・コンタクトを入れるトレーナーもいるが、私はそれも行わない。というのも、こうして協調訓練をしているうちに、自然に犬はアイ・コンタクトを取ってくるからだ。だから、コマンドでアイ・コンタクトを入れるのは、私に取っては意味をなさないのだ。アイ・コンタクトが必要なのは、犬の意識をこちらに向けるためである。協調心さえあれば、犬の気持ちはとっくにこちらに向いているはずだ。そう、大事なのは協調心を培うこと！　このコンセプトさえ理解してくれれば、ここに紹介したエクササイズに限らず、みなさんは独自のやり方、独自の状況で応用編が作れるはずである。

No.2-b16

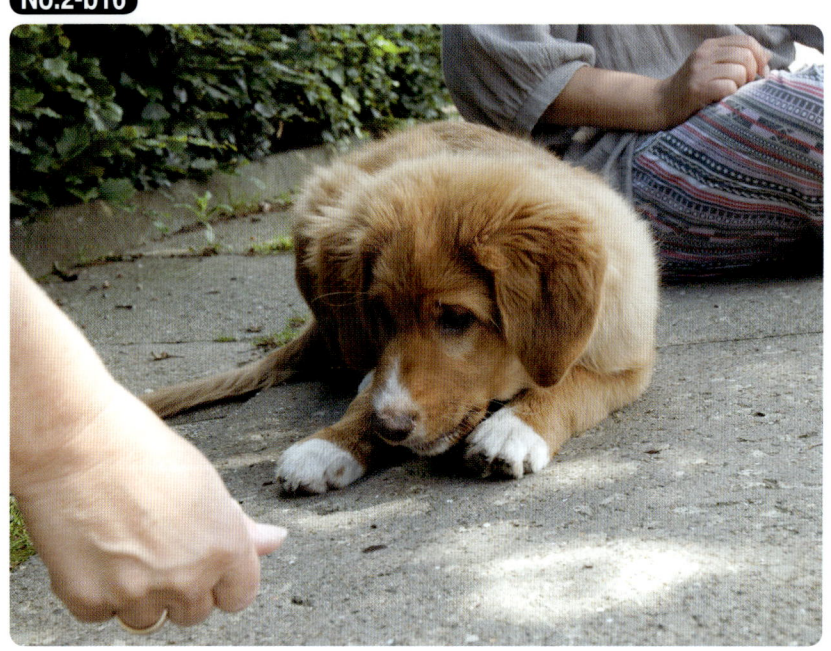

こんな風に子犬がフセをはじめたら、かなり頭が疲れてしまった証拠！　子犬が飽きる前に、すぐにトレーニングを打ち切ろう。

以上のことを、トレーニングと堅苦しく考えず、日常のゲームとして取り入れられたい。バルダーの表情を見てわかる通り、このゲームは集中力が必要とされる。そして彼なりに考える。だから、非常に心地よいメンタル・トレーニング（ブレーン・トレーニング）ともなる。特に元気一杯の子犬であれば、このゲームで少しは疲れてくれるはずだ！

2-3-3 「咬む・かじる・壊す」ことへの対処法

子犬にとっては狩猟ごっこ

　子犬の兄妹が、共に戯れ合っているときをよく観察してみます。まるで猫のようにじっと相手に狙いを定めて兄妹を急襲する、あるいは横を向いていたと思ったら、急に兄妹にガブリと襲いかかる。そして、ひたすら咬んで咬んでの取っ組み合い。

　人間の子供がおままごとをして将来の社会生活の準備をするように、犬は狩猟ごっこをして、狩猟のスキルを磨きます。もっとも、狩猟をする犬というのは、家庭犬の中にはほとんどいないのですが！

　このような子犬独特の遊び方は、新しい家庭にやってきても、まだ持ち続けているものです。兄妹がいないので、代わりに人間にめがけて同じ遊びを試みようとします。中には、ウ〜、ウ〜と唸ったり、歯を立てて引っ張りまくる子がいて、飼い主が子犬の狩猟遊びを理解していないと、びっくりさせてしまうこともしばしばです。決して怖がらないで！

　子犬は、兄妹と同じ狩猟遊びをしているのにすぎません。あなたに対して、攻撃性を見せているわけではないので、心配し過ぎないでくださいね。

No.2-b17

5週目のゴールデンレトリーバーの7頭が、各々にペアを作って戯れている。取っ組み合いをしながら、必ず口を使って咬もうとしていることに注目。これが子犬の遊び方なのである。真ん中に座っている子犬は、しばらくほかの兄妹の遊びを見ていたが、後ろにも兄妹がいることに気がついた！

No.2-b18

それで、首に咬み付いた！　ここから2頭の取っ組み合いがはじまった。一方、ベッドで取っ組み合いをしていた1頭の子犬は、取っ組み合いを止めて、オシッコをしに出ていくところ。後ろでは2頭から3頭に増えて、取っ組み合いが行われている。

狩猟欲を刺激するような行為を見せない

しかし、だからといってこのまま咬ませていればいいのかというと、そうではなく、人間も痛いし、服はちぎられるしで、なんとか止めさせなければなりません。

子犬は、人間の手は兄妹と違って、むやみに歯を立てていいものではない、やさしく扱うもの、ということを学ぶ必要があります。

もし子犬が子供をパクパク咬むようであれば、子犬と子供を離すこと。あるいは、子犬の興奮が収まるまで、子犬と子供を別々の部屋にいさせます。

このとき、子犬を叱る必要はありません。言ったとしても、事が終わってしまった後であり、子犬にはなんで怒られているのか、どうせ理解することができません。

まず大事なのは、子供に子犬の前での振る舞い方を教えること。子犬の狩猟欲を刺激するような行動、つまり子犬の前で飛んだり跳ねたり、走ったりする行為をしないように、そしてもっと静かに振る舞うように、言い聞かせてください。同時に、子犬には、何かオモチャを与えて、気持ちを子供からそらせます。

咬まれないようにするには？

「咬まれた瞬間や、咬んでいる最中に叱ればいい」という人がいます。口に手をつっこむとか、鼻をギュッとつねるなど。絶対に子犬にこれら物理的な力を加えて、咬みをやめさせる訓練をしないこと！子犬によって反応は様々です。余計に興奮して、一向に咬みを止める様子を見せない子、あるいは、すぐに止める子もいるでしょう。いずれのケースでも、子犬を怖がらせたのには変わりありません。人間の手は、暴力が来る「元」として犬に知覚されてはいけません。将来、他人の手を怖がり自分を防衛しようと、"うっかり手を出した人に咬む"という事故を起こすこともあります。それに何しろ、飼い主と子犬の信頼関係に一つ傷をつけてしまうことになります。

No.2-b19

人の手を甘噛みする子犬がいるが、たいてい顎の力は抜いている。これはあいさつの意で、決して悪気はない。癖にさせないよう、咬みはじめたらストップ・シグナルの合図を出し、静かに変わりの咬むものを与えよう。

子犬同士、あるいは子犬と成犬が遊んでいるときに、一方の子犬が強く咬み過ぎると、相手の犬は以下の二様の反応を見せます。
（１）相手にもっと強く咬み返す
（２）遊んでいるのに、その場を離れる

≪対処法１≫

強く咬まれると、相手の犬は「キャッ！」という短く高い叫び声を出すものです。自分が強く咬み過ぎれば、相手に前述の反応を誘導してしまうので、犬は急いで歯を緩めます。こうして子犬同士は、自分の歯の使い方、顎の力の加減を学んでゆきます。英語ではバイト・インヒビション（bite inhibition：咬み抑制）と言います。

そこで私たちも子犬に咬み付かれたら、まずは「キャッ！」と高い声を出してみましょう。するとたいてい咬む力を一瞬緩めます。歯を緩めて、そのまままきょとんとしているようであれば、「いい子！」とすかさず褒めます。そのときは、キンキンした声をだして褒めないこと。子犬の気持ちをまた高揚させて、狩猟本能を呼び起こしてしまいます。静かに、落ち着いたトーンで、です。

そして子犬を撫でる必要はないでしょう。その手をめがけて、また咬んでくる可能性があります。

子犬の成長と学習　Puppy development and growth

「きゃ！」と声を出したにもかかわらず、怯んだのは一瞬で、またすぐさま咬んでくるような場合があります。飼い主も子犬と接しているうちに、次に何をするか予想できるようになるでしょう。すぐに咬み付いてくるだろうなと思ったら、その暇を与えることなく、何か代替となるオモチャを与えて気持ちを逸らします。というわけで、この頃はポケットに何かオモチャを常に入れているといいかもしれません。

≪対処法２≫

もう一つの方法。「キャッ」と声を出した後まだ咬むようであれば、完全に犬を無視し、どこか別の部屋に行って子犬を残してしまいます。そのときも、どたばたと動作を起こさないこと。脚に咬み付いてくるでしょう。そっとゆっくり歩きます。つまり子犬に「"咬む"という行為によって、仲間がいなくなってしまう」という連想をさせます。

これらの方法は、代わる代わる使ってみてください。

No.2-b20

散歩中にリードにじゃれつく！

散歩のときにリード目掛けて飛んだり、咬んだりすることもあります。この際も、何か別の咬むもの（オモチャ）を与えてみてください。そして犬がリードを咬んでいない間、「いい子ね」と静かに褒めます。もっとも一番いい方法は、戯れる前に、犬はそれなりの高揚状態を見せています。そのときに「ストップ」とカット・オフ・シグナルを出して、一旦犬の気持ちを鎮めます。そこでしばらく立っているのもいいでしょう。それからまた歩きはじめます。

狩猟欲の強い犬種（テリア、レトリーバー、スパニエルなど）は、狩猟ごっこが大好きな遊び。それゆえ、子犬時代に人や服の裾を咬もうとする問題も多いでしょう。これら「熱しやすい」タイプの子犬を相手にしているときは、普段の遊び方にも気をつけてみるといいでしょう。興奮させると、狩猟ごっこを誘発させます。あるいは、彼らの狩猟欲をほかに向け、物品を取らせる（しかし、やたらに投げて興奮させないこと）ことで、気持ちをはぐらかせてみます。

ものをかじりたいのか、単に運びたいのか

何かを"かじる"というのは、犬の自然の欲求です。しかし、犬にはかじっていいものといけないものの区別がつきません。骨はいいけれど、家具はいけない…。というわけで、かじられて困るものをかじっているときは、ストップ・シグナルで子犬の行動を制御してください（かじっていいもの、いけないものという区別は、子犬にはまだ無理）。

前述したように、かじっているからといって、鼻をつねったり、頭を叩いたりするなど、絶対に暴力を使わないように。子犬を怖がらせるだけです。

犬によっては、物品を口にしても、かじるのではなく、運ぶということが大好きな子もいます。かじりたいのか、運びたいのか、その区別をつけて、愛犬が何をしたいのか見極めてください。"運びたい"という子犬については、その運びたい欲をできるだけ大切にするようにと、私はアドバイスします。というのも、運びたい欲は、後に犬と遊ぶときやドッグスポーツをするときに、大事な「エンジン」となるからです。運びたがりやの犬は、靴や手袋、子供のオモチャをその辺から持ってきては、すべて自分の寝床に集めます。

どうしても犬の口に咥えられたくないものがあれば（たとえば靴や子供のオモチャなど）、犬の届かないところに置く。あるいは、それを運んでいても、怒らずに、何か別のものと引き換えに、口から出してもらいましょう。将来、何かを口に咥えて飼い主のところに戻って来てほしいのなら、口に咥えているときに叱っては絶対だめ。咥えたものの、絶対にこちらに来なくなる、あるいは途中まで来るけれど、その後咥えたまま逃げてしまう、というような行動を見せるようになります。

かじる問題の予防策

子犬がいかにも"かじりたい"と思うようなもの、そしてかじらせては絶対にいけないもの（たとえば電気の線やクッションなど）は子犬の届かないところに置いておくこと。

No.2-b21

子犬時代のかじりたい欲望は、まるでワニのよう。とにかく口のまわりに来るもの、すべてかじりつく！ この欲望を「ダメ！」と罰するだけではいけない。何らかの形で満足させてあげよう。かじっていいものを与える。そしてかじられては困るものから、子犬をできるだけ遠ざけること！ かじりたい欲の強さは、子犬時代が終わると自然に弱くなるものだ。

やたらと「ダメ！」を繰り返さないように。過剰に使っているうちに、効果が半減してしまいます。たとえば、新聞紙をちぎったぐらいであれば、大目にみましょう。それよりも、もっと大事なものをかじろうとしたときのために、ストップ・シグナルは取っておくことです。

子犬がかじりそうだなという瞬間がわかるときがあります。そのときに、すかさずストップ・シグナルを出します。そして子犬を別の場所につれてゆく、あるいは何か別のものを与えて、気持ちをそらすこと。

口に咥えてしまったものを取り出す場合は、子犬の顎を手でそっと支えて、代替となるものを与えながら、同時に「出しなさい」の合図をし、吐き出させます。鼻先においしいトリーツを差し出し、ニオイを嗅がせながら口を開けさせるのもよいでしょう。

2-3-4 「唸る」ことへの対処法

暴力で対応すると…

　子犬はいろいろな状況で唸るものです。人はこれを誤解して「攻撃的な犬だ」とか「飼い主をすでに牛耳ろうとしている」などと解釈するものです。とんでもない、子犬が唸るのは、「怖い」から。したがって、行いは非常に無実なものです。唸る子犬に、声を張り上げて怒ったり、あるいは叩いたり、体をひっくりかえして服従を強要する、というしつけの仕方をする人がいますが、私はそれに強く反対です。というのも、前述してように、子犬は怖がっているから唸っているのです。これでは、「人間は怖いもの。僕が唸って自分で防衛せねば」とより自分の行いを正当化させてしまうでしょう。そして余計に唸ることですべてを解決しようとする犬になるかもしれません。

　物理的な罰をくわえた際、個体によって反応は様々です。短気な犬であれば、「自分で防衛して守らねば！」と余計に防御を固め、もっと唸るか、吠え返しはじめるか、あるいはひっくり返されたときに、咬んで相手を退却させることを学習してしまうでしょう。飼い主は、「これでもか！」とさらに暴力を重ねるので、悪循環を招いてしまいます。暴力で接するとやはり暴力で返されるものなのですね。

　ある犬では、暴力で抑えられると、ペロペロ相手を舐めるなどのカーミングシグナルを出し、「どうか、ケンカをふっかけないで！」とすっかり萎縮する子もいます。その子が敏感な犬であれば、後にすっかり飼い主への信頼を失い、よりシャイな犬になってしまうでしょう。シャイな犬は、将来の危険をはらんだ犬です（防衛しようと、攻撃をするからです）。

No.2-b22

人に飛びつくのは、犬の善意の行動なので、なんとか犬の気持ちを傷つけないよう、上手にトレーニングを入れるべし！

どうして唸るのか？

　少しロジカルに考えてみましょう。そもそもどうして子犬が唸るのか、必ず理由があります。その理由によって対処を考えてみませんか？

　たとえば、どこかに痛みがあって、そこにさわられるのが嫌で唸る子犬（犬）もいます。もっとも痛みの原因は私たちのせいではないのですが、私たちがさわったり抱くことによって痛みが助長されることがあるでしょう。あるいは単に私たちの存在自体が、痛みのために気持ちを苛つかせるのかもしれません。そこで私たちに「ウ～っ！」と唸ります。しかし、決して悪気があるわけではありません。子犬は、痛さのあまり何に対して防衛したらいいかわからず、私たちに唸ります。「そういえば子犬がこのところ少し元気がない」とか、「どこかおかしくしている」という症状に覚えがないですか？

　食べ物や特別大好きなオモチャをめぐって唸る子犬がいれば、それは所有しているものを守らんと

唸っている証拠です。この理由によって唸る子犬は非常に多いものです。そして、これはもっとも犬らしい自然の行為とも言えるでしょう。兄弟同士でも、自分が特上においしい骨を見つければ、側による子犬に向かって「ウ～っ！」と唸ります。「これは私のよ。近づかないで。なによ、どうしてまだそこにいるの、もしや、あなたこれを取るつもり？？？」。

この所有欲による防衛反応が非常に強い犬種もいれば、あるいは、ほとんどない犬種もいます。しかし、この問題は多かれ少なかれ、たいていの犬が持っていると言ってもいいでしょう。飼い主に向けて行なわれても、決して子犬があなたに対して「アルファ」を主張しているなどと思わないように！ 前述したように、子犬は単に取られるのが怖くてしょうがないだけです。

トレーナーによっては、わざと挑発して、子犬が唸れば怒り、犬を完全服従させようとする人もいます。シナリオとしては、まず犬が守りたいと思うほどおいしい骨を置きます。そして犬に取らせます。そこでトレーナーがわざと手を出して、犬から取り上げます。犬は唸ります。そこですかさず、人間は「ダメ！」と犬に禁止のシグナルをだします。犬が大人しくしたところで、骨を返してあげます。

それで、「はい、わかりました」という犬も確かにいるのですが、個体によっては「え！ 今唸って、取らないで！って言ったのに、取ってしまったのね。私の主張が足りないのだわ、じゃぁ、もっと唸らなきゃ！」と一層警戒と防衛行動を強める犬もいるのです。

このような犬にとって骨を取り上げる訓練方法は、かえって逆効果です。より攻撃性を助長しているようなものです（そもそも、攻撃性なんてなかったのにもかかわらず！）。

2-3-5 「飛びつく」ことへの対処法

No.2-b23

子犬が大人の犬にあいさつをするとき、まず大人の口元に鼻を持ってきて、クンクンとニオイを嗅ぐものです。そして口のまわりや目、耳を舐めようとします。これは、子犬の見せる「わたし、フレンドリーよ」というシグナルです。こうして相手が敵対的な行動を出るのを防ごうとしています。

大人の犬に対するのと同じことを、子犬は私たちに行なおうとします。しかし人間の顔に近づくには、飛びつかなければ届きませんね。それで、人が近づくと多くの子犬（そして成犬になっても、この行動はまだ残っている）は、人に飛びつこうとします。もちろん、個体の性質あるいは犬種によっては人見知りをする犬もいるので、そういう犬はそれほど飛びつきが激しくないかもしれません。しかし、レトリーバーやスパニエルのような人が好きでしょうがない犬種は、大喜びで顔にめがけジャンプをします。

この行動はとても好ましいものだし、犬の良き意図でもあります。まぁ、私たちに対して行なうのな

人に飛びつくのは、犬の善意の行動なので、なんとか犬の気持ちを傷つけないよう、上手にトレーニングを入れるべし！

ら「自分の責任にて」ということでいいと言う人もいるでしょう。しかし、他人にはしてほしくない行動です。何と言ってもすべての人が犬好きとは限らないし、中には怖がってしまう人もいるでしょう。そして、脚で服を泥だらけにしてしまいます。これは避けなければ！

犬の自然に反することを教えなければならないので、丁寧に訓練をいれるのが成功のコツです。決して、怒り飛ばす必要はありません。犬によっては、私たちが怒れば怒るほど、よりピョンピョンと飛び

子犬の成長と学習　Puppy development and growth

つき行動を激しく行なう子もいます。その子にとっては、カーミング・シグナルです。怒られている意味がわからず、なんとか私たちの怒りを自分の友情を表すジェスチャーで鎮めようとしているのです。

飛びつくことで、犬は友情を見せているのですから、その大事な感情を怒ることで、摘み取ってしまうのはあまりにも悲しすぎます。人に対しての信頼感も半減してしまうでしょう。

飛びつかせずに、お行儀よくあいさつをする練習

チェシーとバルダーの場合

以下は、子犬に飛びつかせないで他人とあいさつができるようにする「あいさつエクササイズ」です。
私が必ずパピー教室で行なっているものです。
ただしこのエクササイズには、犬からあいさつを受ける「他人」が必要です。
家庭で試す場合は、誰か友人に頼んでみるといいでしょう。

チェシー（生後4カ月）　　バルダー（生後4カ月）

No.2-b24

サモエドのチェシーがあいさつエクササイズをするところ。およそ20m先に、あいさつすべき「他人」が立っている。このときに、飼い主は犬に何もコマンドを出す必要はなし。犬に静かに話しかけて、励ましてあげる。そして他人に向かって歩き続ける。

No.2-b25

チェシーが飼い主にコンタクトを取っているのは、飼い主が静かなトーンで彼女を励ましながら歩いているからだ。

No.2-b26

　チェシーと飼い主はとてもよいコンタクトを築いているが、なるほどと思うのは、チェシーがむずかしい状況でも飼い主にコンタクトを取って歩いていることに気がつけば、こうしてすぐに褒めてその行動を助長してあげようとしていること。

No.2-b27

　いよいよ近くなったら、飼い主は犬と一旦コンタクトを築いて…。ここでは、飼い主はトリーツを使ってチェシーとコンタクトを築く。トリーツを使えば犬は飼い主の方を向くのは当たり前などと考えずに、ここではなんとか望ましくない行動を誘発させないことに焦点を置いてほしい。一旦、望ましくない行動を出してしまえば、犬はそれを習慣のように行ってしまうからだ。
　この方法なら、向こうに他人がいるときは、飼い主の手からおいしいものが出ると連想してくれる。そうすれば、他人を見たとたんに勢いよく前に走ってゆくこともなくなる。

No.2-b28

　「ごあいさつ！」という合図を飼い主が出したら、いよいよチェシーは「他人」に向かって歩くことが許可される。このときに他人役をやっている人は、タイミングよく振る舞うことが必要だ。犬がやってきても、「まぁ、お利口さ〜ん！」などと犬に話しかける必要は一切なし！　話しかけた人に犬は余計に興奮して嬉しがり、飛びつこうとするだろう。
　犬が来たとたんに、持っていたトリーツを鼻にかざして「おすわり！」と合図をだす（他人役をやる人にあらかじめトリーツを持っているように指示することが大事！）。チェシーは他人役の人の手に集中している！　そう、飛びつくことを考えるより、既に「何かとても嬉しいことがここで起こる！」と気持ちをそらされていることが大事なのだ。前述したように、他人を見るたびに飛びつくことを習慣にしないための訓練であることに留意されたい。

子犬の成長と学習　Puppy development and growth

子犬のうちに教えたいこと

No.2-b29

他人役をしている人が、落ち着いた態度で犬に接している様子に気づいてほしい。ここで「きゃぁきゃぁ」騒いでしまうと、犬は興奮して飛びついてしまう。このときに犬を撫でる必要もない。「ようし！」と落ち着いた声をかけながら、トリーツを差し出す。座ったことに対する「お礼」だ。

最初の訓練だ。なんとしても、犬に「正しい行為とは」の印象を知ってもらいたい。決して失敗をするような状況を作ってはならない。

他人役の姿勢と、飼い主の落ち着きに注目！

他人役をやっている人の姿勢にも注目。犬を驚かせないよう、体を前にかがめないようにしている。

現実では、多くの人がかがめてしまうものだが、練習においてはできるだけ驚かせないようにして、余計な行動の誘発を細小限にとどめる。かがめて犬に接すると、一部の犬は驚いてしまうし、ある犬は驚いたあまりに相手をなだめようとピョンピョン飛び跳ねてしまう。

もう一つ気がついてほしい点は、飼い主はここで何も犬に影響を与えようとしておらず、静かに立って見守っていること。

この時点で、いきなりまた飛び跳ねてしまう犬もいる。その場合は、他人役をやっている人はトリーツを与えずに、すかさず、少し距離をあけて立つ。犬が座ったらまた戻ってきてトリーツを与える。たいていの場合、これを2～3回繰り返す必要がある。

No.2-b30

犬がトリーツをムシャムシャ食べている間に、飼い主は、「ストップ！」とカット・オフ・シグナルを出す。これは「もうこの人と、かかわり合うのはやめなさい！」という意味だ。シグナルを出しながら、飼い主はさらなるトリーツで今度はチェシーを自分の方に向けようとしている。「あいさつしたでしょう。もうこれで気が済んだと思うから、私のところについてきてね」という意味だ。

No.2-b31

トリーツを鼻のところにかざして、チェシーの他人とのかかわり合いを中止させ、こちらに来るようおびき寄せる。おびき寄せても来ない場合、つまり完全に他人役に目が据え付けられ、あいさつをしたい気持ちで暴れまくっている場合、犬と他人の間に飼い主は立ち入りブロックすること。そしてトリーツでこっちへ来るように誘う。

No.2-b32

今やチェシーはよろこんで飼い主について来ている。ここで初めて「いい子だね！」と明るく褒める。興奮しても、ここなら他人に飛びつくことができない。

以上のトレーニングを、毎回同じ場所ではなく、いろいろな環境やいろいろな人で繰り返し練習をする。

No.2-b33

次にバルダーで試した。他人役をしてくれた人に、イスに座ってもらっている。これは、世の中には「いろいろなタイプの人がいる」ということに慣れてもらうため。実は他人役をやってくれた人が、背中が悪かったので座ってやってもらうことにしたのだが、車いすに座っている人とあいさつするためのシミュレーションともなった。

子犬の成長と学習　Puppy development and growth

子犬のうちに教えないこと

No.2-b34

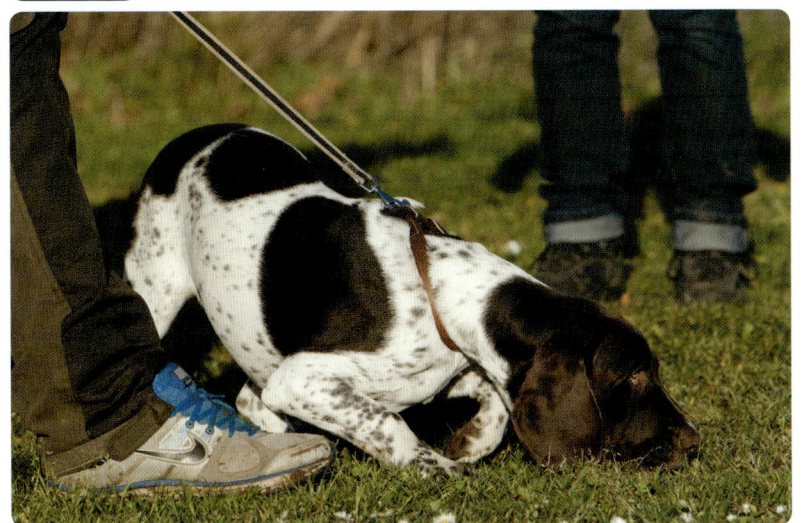

バルダーが他人に向かってゆく途中だが、こんな風にひたすら地面を嗅がせないように。飼い主はトリーツやオモチャを使ってもいいから、何とか犬からのアイ・コンタクトを作ること。

私が以前トレーニングした犬に、どうしても地面を嗅がざるをえない犬がいて、どうにもコンタクトを取ることができなかった。そこで、犬が地面に鼻をつける寸前に特上のトリーツ（なま肉など）をつかって鼻を上げさせ、同時に「ヘッド！」というコマンド（「頭を上げて！」の意の合図）を入れた。これを何回か繰り返していると、「ヘッド！」という言葉で犬は鼻を地面から離してくれるようになる。

引き続き嗅いでいる場合、おそらく犬は何かの足跡を追っている可能性がある。ならば、そこから数十cmあるいは1mぐらい横に離れたところを歩きはじめるといいだろう。

No.2-b35

No.2-b36

No.2-b37

他人のところに近づくにつれて興奮するので、ついジャンプをしてしまう。このようなときにどうしたらいいのか。

まず「ストップ！」とカット・オフ・シグナルを出す。その言葉に引き続き急いで、彼の前に躍り出て体で行く手を遮る。これでバルダーが「おや、わかったよ！」とばかり体を引く。おそらく多くの犬は座るはずだ。相手をなだめようとしているからだ。そのときにたくさん褒め、再び前に進む。

チェシーと同様に、バルダーも同じエクササイズを行なう。他人のところにやって来たら、他人が「おすわり」を命じ、座ったら即トリーツ。ここで撫でてもらい、そして飼い主は「ストップ」とすかさず合図をいれながら、トリーツでこちらへ誘う（写真No.2-b37）。

彼もチェシーもこのエクササイズは初めてなのだが、どちらも上手にこなした。というか、このエクササイズは、絶対に間違いを誘導させないように行なうのがコツだ。前にも述べたように、失敗をすれば、失敗をした行動を学んでしまう。何とか成功に導くよう、トリーツを使いながらゆっくりと前進することが大事だ。焦らないこと！

チェシーはそり犬で、元来引っ張るのが大好き。そしてバルダーはガンドッグ。エネルギに溢れた犬だ。こうして犬種にかかわらず、同じ訓練ができるのをここに示したと思う。

2-3-6 「ドアから勝手に出る」ことへの対処法

"犬が先にドアから出ると、犬は飼い主よりも順位が上だと思いはじめるから、犬は後にすること"という訓練の考え方がありました。しかし、飼い主より先に出ようと後に出ようと、犬はそんなことで飼い主を支配下に置くなど考えたこともないはずです。ドアから勝手に出てはいけないのは、順位問題ではなく、便宜上です。許可もなくいきなり外に出てしまったら、リードをつかむ暇もなく犬が逃げ出してしまうかもしれません。もし、ドアのすぐ外に猫がいたとしたら？

ドアから勝手に出てゆくのみならず、ドアから家に入るときも、一旦許可をあおいでから犬が入ってくれる方が、どんなに楽か！ もしかして、犬は足が汚れているかもしれません。あるいは、あなたは買い物袋をたくさん抱えて、犬をコントロールできない状態にあるかもしれません。

以下に、ドア・トレーニングを説明しましょう。

No.2-c01

No.2-c02

ドアの前まで来たら、勝手にドアに向かって走ってはいけないことをボディランゲージで示す。それには写真のように、犬の前に立ちはだかるだけでOK！ 立ちはだかるというのは、犬同士の間でも使われているボディランゲージ。やたらと「だめ！」を繰り返して人間風の言葉を使うよりも、よほど効果がある。特に、犬が若ければ若いほど、人間が出すこの「立ちはだかり」のジェスチャーの意味をすぐに理解するようだ。たいていの子犬が、このジェスチャーでおしりをぺたんと地面につけて座る。

「オスワリ」というコマンドを使ってもいいかもしれないが、何度も繰り返してやっと座るようであれば、やはり「立ちはだかり」ジェスチャーを使うべきだ。

ドアを開けたとたんに、立ち上がろうとするかもしれない。そのときは、また犬の前に立ちはだかり、座らせる。子犬が元気すぎてどうしても立ち上がってしまう場合は、ドアをぴしりと閉める。そして「立ったら、ドアを閉めるから出れないんだよ」と己の行為の結末について学習をさせる。

No.2-c03

ドアを開けてもまだ座っているようであれば、リードを取って「いいよ！」と許可の合図を出して外に出る。その後ドアに鍵をかける必要があるだろう。そのときに備えて、ドアを出たら、また一旦座ってもらうよう訓練を入れたい。

No.2-c04

もし先住犬のドア・トレーニングがまだうまくできていない場合、決して一緒に出してはだめ。子犬は先住犬の真似を「喜んで」行なう。とは言っても、先住犬と子犬をいつも一緒に外に出すから、なかなか両者をコントロールできないと言う人もいるだろう。そんなときは、ぶっつけ本番を行なうのではなく、まず練習をしてから。つまり、先住犬なしに子犬だけで練習してほしい。そして先住犬にもちゃんと一対一のトレーニングを行なう。

子犬の成長と学習　Puppy development and growth

No.2-c05

車からの出入りも同じ要領で訓練してほしい。まず犬をドアから出す前に（あるいはケージの扉を開けた時点で）一旦待たせる。あるいは、ケージでリードをつけたら待たせる。犬がいきなり出そうになっても、体であるいは手のひらで行く先を遮断する。勢いのいい子で、なかなかボディランゲージを理解してくれない場合は、出そうになった瞬間、またドアを閉める。そして自分の行動がどういう結果を招くのか学習させることだ。ドアを開けて、少しでも待つ瞬間が見えたら、それを褒めてあげること。つまり犬はこちらに意識を向けはじめた瞬間でもあるからだ。

No.2-c06

「いいよ！」の許可の合図を出して、初めて犬がケージの外へ出る。私は通常出た瞬間も、犬に座らせる。このときは「オスワリ」の合図を出してもいいだろう。座らせる理由は、車を閉めたり、鞄を取り出したりと、しばらく一所に犬にじっとしてもらう必要があるからだ。

「ドアが開くと、来客に飛びつく」ことへの対処法

ドアベルが鳴ったとたんにドアに向かって吠えはじめ、そして入ってきた来客に向かっていきなり飛びつくというのは、多くの飼い主の悩みの種です。この訓練もいきなり本番に臨まず、まずは練習状況を作って犬に学習させてあげましょう。というのも、本番の場合、お客さんに出会うことで、犬の気持ちは非常に興奮しています。興奮している状態で、犬が何かを学習するのはほとんど不可能！　遊園地に来てすっかり興奮している子供に、そこで宿題をしなさいと言ってもほとんど何も学ばないのと同じです。

私のアイデアの根本にあるのは、犬が他人と会うときは必ず座った状態で行なう、ということ。これはP57の「飛びつかずにお行儀よくあいさつする」の項でも示した通りです。ドアのところであろうと、道ばたで出会った人であろうと、他人と最初に会ったときに犬がまず最初に行なわなければならない行為として学習させます。

No.2-c07

私の最初のアドバイスは、まずは誰もお客のいない状態で、ドアベルの音だけを聞かせること。それには、家族の誰かにベルを鳴らす役をしてもらう必要がある。ドアベルが鳴ったらまず犬の前に立ちはだかり座らせる。座ったら必ず褒めること。トリーツを与える。これを何回か繰り返す。

No.2-c08

犬が座ったら、ドアにゆき開けようとする。もしこの時点で立ってしまったら、すかさず犬の前に立ちはだかる。少し体でプレッシャーをかければ、たいていの子犬は座るはずだ。ドアからの距離が長いと、そこまで飼い主が歩いている間に子犬は不安を感じて立ち上がってしまうかもしれない。なので、最初はドアに近いところからはじめて、徐々に距離を伸ばそう。

以上のドアベル、そしてドアを開けようとする、というトレーニングを犬がしっかりこなしたところで、次に誰か来客となる人役を見つけて練習を。最初は家族の誰かを使ってもいいだろう。家族でうまくいけば、次に他人に来てもらい、練習を続ける。

No.2-c09

　お客が入ってくる際も、子犬が立ち上がらないよう、前に立ちはだかり、体でブロックをする。犬がいい子にしていたら（きちんと座り続けていたら）褒める。非常に興奮しやすい瞬間なので、決して「きゃぁきゃぁ」とした声で褒めてはいけない。犬が余計に興奮してしまう。落ち着きのある静かな声で話しかけること。

No.2-c10

　お客が入ってきたらまずドアのところで立って待ってもらう。そして犬がそれでもまだきちんと座り続けていれば、「いいよ」と許可の合図を与える。許可の合図を与えるのはお客役ではなく、飼い主。そして犬がお客の前にやってきたら、まずお客役が犬を座らせる。できるなら「スワレ」の合図なしに。トリーツを鼻にかざして、座らせるよう犬をうまく導く。このアイデアの根本にあるのは、"トリーツをもらうためには、まず座らなくては"ということを犬に学習してもらうためだ。座ったら、お客がトリーツを与える。もしお客役をやっている人、あるいは実際にお客が全く犬のトレーニングについて知らない場合、飼い主が「オスワリ」の合図を出す。犬が座ってトリーツを食べ終えたら、飼い主は、犬をこちらに引き寄せる。このコツについては、P60とP61の「飛びつかせずに、お行儀よくあいさつをする練習」の写真No.2-b31と写真No.2-b37を参考にしてほしい。

No.2-c11

　どうしてもピョンピョン飛んでしまいがちな子犬と出会う場合は、お客役にしゃがんでもらってあいさつをするといいだろう。この状態で犬を正面に座らせ、座ったらトリーツ。

　子犬が元気すぎて、どうにもコントロールがとれないときは、お客役はドアからまたすぐに出て行って、ドアを閉める。犬がまた座ったら、再びドアを開けてお客に来てもらう。あるいは、お客が入ってきた瞬間、飼い主が突然犬の前に立ちはだかり、体でお客とのコンタクトを遮断する。そして体でプレッシャーを与え、座ったら、初めてお客がそっと座り、犬をもう一度座らせ（おそらくお客が座っている間に立っているかもしれないので）、トリーツを与える。お客が犬を座らせるときはトリーツで誘導してもいい。

2-3-7 リラックス・トレーニング

どこに行っても犬が落ち着いた状態でいられるように練習するのが、リラックス・トレーニング。

子犬を外に連れ出したら、できるだけアクティブにしなければならないと思う人が多いようです。ほかの子犬と遊ばせなければならない、トレーニングをしなければならない、ボール遊びをしなければならない…。

しかし、何でもバランスというものです。アクティブにして犬本来の欲求を満たす必要はもちろんありますが、"息を抜く"という癖を持たせるのもアクティブなトレーニングと同様に大事なことです。

人ごみに連れ出すと、子犬や若犬にはすべてが新しく、なかなか飼い主に集中することができないでしょう。刺激が強すぎるからです。刺激を刺激と思わず、それを無視できる、街の様々な事象が単なるつまらない環境の一部になってしまえばいいわけです。それには、たくさん練習を積まなければなりません。

環境を無視して、つまり飼い主を信じて、自分の世界に浸ることができるというのは、即ちセルフ・コントロールできる能力という意味でもあります。

一つのことに集中するには、周りで起こる様々な事象（子供が通り過ぎる、ほかの犬が通りすぎるなど）をすべて無視する必要があるからです。

No.2-d01

もちろん最初からうまくいかないかもしれない。しかし何回か繰り返すことで、「そうか、ママがこんな風に振る舞っているときは何も起こらないのだ！」と、子犬も理解するはずだ。

まずは、いきなり街に出るのではなく、公園や住宅地でも少し落ち着いた地域に子犬を連れてゆき、ベンチにでも座ってみてください。芝生に一緒に座ることができればなおいいでしょう。写真のように足の間に子犬を座らせます。コーヒーでも持って行って、飼い主自身も一息ついてみます。そして低い声で静かに話しかけます。時々胸のまわりを撫でてあげるのもいいでしょう。子犬を決してポンポン叩かないこと。振動は、気持ちを盛り上げてしまいます。時にはストレスにもなります。

子犬がどうも不安そうで落ち着かない場合は、犬がくちゃくちゃと噛んでも長持ちする豚の耳のようなオヤツを与えます。咬むということは、気持ちを落ち着かせます。私たちも、食べることで、気持ちをリラックスさせますよね。

このようなトレーニングを何回か繰り返してみましょう。そして、外に出たからって、いつも何かが起こるとは限らない。飼い主が静かにしているときは、自分もリラックスした方が、あちこちと嗅ぎまわってせわしなくしているよりも、気持ちが楽になるという経験を与えてください。そのうち犬は経験

から、高揚した状態から、リラックスさせる状態に感情をもっていく術を得るはずです。

リラックス・トレーニングは、最初は簡単な環境から、その後少しずつむずかしい環境に出ていきます。リラックス・トレーニングができるようになったら、人ごみの中で、「オスワリ」「フセ」といった都市に出るのに必要な技を練習させてみましょう。ドッグカフェや人と一緒に会う、あるいは何か犬のクラスを取るとき、これらの技はどうしても必要です。

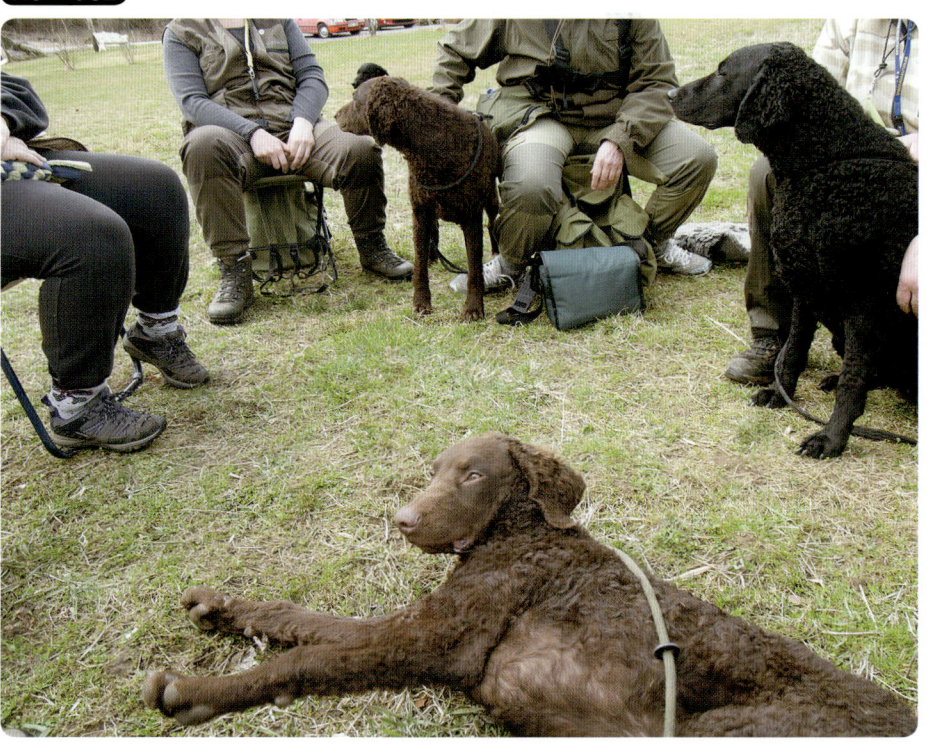

ブリーダーは時々、子犬を買ってくれた人を集めてこのようなトレーニング・クラスを開くこともある。これもリラックス・トレーニングの格好の機会となる。

リラックス・トレーニングが順調に進んでいるのであれば、周りにたくさん誘惑のあるところで「オスワリ」「フセ」といった指示を聞いてもらえるよう練習をしてみます。その頃には、まわりの環境によってそれほど影響を受けないので、オスワリもフセも、数回のおさらいで理解してくれるはずです。逆に、リラックス・トレーニングもなしに、いきなり騒々しいところに行って、オスワリ、フセというトレーニングは非常にむずかしいものです。

たとえば、子供の遊んでいるところでも、犬にフセをしてじっとしてもらいたいと願っているのなら、最初は子供の遊び場から50m離れたところでやってみる。それでうまくいったら徐々に距離を縮め、最終的には20m、10mにチャレンジしてみます。

以上のようなトレーニングを通して、どこに連れて行っても落ち着いていられる、すてきな愛犬を育てることができます。

街に出てみよう。まずこの印象をゆっくりと観察させる。何回か繰り返しているうちに、様々な事象は単なる背景となってくるはずだ。

column

飼い主へのアドバイス

昨年、本書の編集者である藤田りか子から、愛犬（ラッコ）が
乾燥肉を食べているときに側を通ったら唸るからどうしよう、
という相談をもちかけられました。ラッコは当時3カ月の子犬でした。
というわけで彼女に、ラッコの状況と私のアドバイスについて紹介してもらいましょう。

唸る子犬へは、どう接すればよいのか

文：藤田りか子

ラッコ（生後2カ月）

ラッコの場合

　カーリーコーテッド・レトリーバーのラッコを、私の家に迎えて一週間が経った。彼はそのとき9週齢。私の友人が大袋一杯に乾燥した豚の耳をもってきて、子犬祝いにやってきた。ほどなくお祝いディナーを開始し、つもる話でテーブルは盛り上がった。友人は15歳になる娘を伴っていたのだが、その子がラッコに豚の耳を与えた。しばらくして、かじっている豚の耳をラッコから取り上げようとした。それはテーブルの下で懸命に豚耳をかじっている小さなラッコを足で蹴飛ばしたくなく、だから彼女はラッコを少し向こうに移動させたかった。

　彼女の手が出たとたん！　ラッコは「ウ〜っ！」とマズルに皺を寄せて、おまけに白い小さな犬歯を見せて激しく唸った。子犬ではあったが、その唸りにはすごみがあった。そこで私は、ラッコの気質の一端を知ることになった。あわてて、「そのまま、そのまま！怒らないでいいから！」と友人の娘をラッコから離した。そしてラッコに引き続き豚の耳をしゃぶらせておいた。

　これは困ったことだ。今まで、この犬種、カーリーコーテッド・レトリーバーを2頭に、レオンベルガーやらドーベルマンを飼ってきた経験があるのだが、美味しいもの対してここまで防衛心を見せる子犬は初めてであった。今までどの子犬も私を信用しきって、食べている途中に手を出しても、それどころか口から食べ物を取り出したところで、何も言わなかったのだ。もっともラッコは、普段与えているドライフードであれば、食べている最中に手を出しても、何も言わない。でも、そのときですら、彼から食べ物を取ってしまうということは決して行なわない。ただ手を皿の脇に置いておくだけだ。今後、薬などを与えるかもしれないから、わざと食事中に手を出して、手の存在に慣らしていたのだ。

　しかし、豚の耳という特上においしいものとなると、話は別だった。この猜疑心の程というのは、遺伝にちがいない。ラッコは、ブリーダーの元で生まれ、そして兄弟犬とともに8週を過ごしてきた。スウェーデンのどのブリーダーのところにいる子犬となんら変わらない、家庭的な幼少時代を過ごしている。だから、子犬時代に特に嫌な思いをしたとか、そんなトラウマは持っていない。ちなみに、後で聞くところによると、彼の兄弟犬もおいしいものに対して、同じような行動を見せたということだ。

　そこで私は、ヴィベケに相談をした。どうしたら、この防衛心を取り除くことができるのか。ヴィベケの最初の答えは、「まず、特上のおいしいものを与えられても、それを彼から取り上げようとする人はこの世に全くいない、という安心感をラッコに与

えなければだめ。そのためには、おいしいものをあげるときに、ある部屋や空間でおこなって、その後、決して誰もそこに出入りさせないようにする！　独りにしてあげて。そうして信頼を与えてあげるの」。すべては信頼である。ここに「誰がボスか知らしめてやる！」というようなアルファ論が入る余地はなし。そこで、友人からもらった豚の耳はそのときから練習用の教材となった。豚の耳を、居間の真ん中に置いて、ラッコに「どうぞ」と与えた。その後、私はそそくさと仕事部屋に戻った。それを何日間か繰り返した。

その後のヴィベケのアドバイスとは、「一旦部屋の真ん中で誰の邪魔もなしに食べることに慣れさせたら、ラッコに視線を合わさずに横を通りすぎる」。こうして、私は彼の環境の一部となり、脅威をもたらす相手ではないということを学習させる。これを何度かくりかえし、ラッコが何も気にしなければ、さらに彼との距離を縮める。そして無視をしながら通り過ぎる。一週間これを繰り返した。

ラッコはまるで反応しなかったので、彼がしゃぶっている最中、私は本を持って横にやってきた。彼に背を向けてそこに座った。そして本を読む。あくまでも彼の環境の一部になろうとした。

「決して私は、あなたのおいしい豚耳を取る脅威ではありませんよ」という信頼感を植え付けるためだ。もっとも人はあんな臭い乾燥肉を取る気にはなにもなれない。この点、犬は人間の意図とするボディランゲージを読んでいないようである。つまり子犬の防衛心はあまりにも強すぎて、こちらのボディランゲージを読む余裕はないと見える。今だから言えるが、現在の1歳半になるラッコは、私に信頼を寄せているのか、それとも人間のボディランゲージをより読めるようになったのか、豚の耳をもらっても、あのときのような警戒は一切見せていない。

ラッコは横で本を読んでも何も言わないので、私

安心感を与え、信頼を培う。これが、自分の持っているものを防衛する子犬への対処法だ。

は豚の耳よりもさらにジューシーな生肉の固まりを持ってきて、彼が豚肉を食べている間わざと鼻にかざした。そして私の手がまるで害がないどころか、実は「もっとおいしいものを持ってくるもの」という概念を植え付けようとした。決して、彼の鼻におしつけず、2cmぐらい鼻から距離をはなして、肉を嗅がせた。

私はさらに、手のひらに生の手羽を置いて、彼に食べさせることを何度も試みた。それも、彼がほかに隠れるところがない、洗面所のような狭いところで。こうすれば、彼は私の膝の上でしか、食べざるを得ない。私の側で食べても、誰も取る人がいないのだ、と彼が学んでくれればしめしめである。

こうして徐々に、彼がおいしいものを食べている途中にひらひらとやってくる手は全く警戒すべきものではないということを学習させたのだ。この訓練の根本にあるのは、まず子犬がおいしいものに対して、唸る権利があるのを認めてあげる。その上で、私たちは「でも唸る必要はないのだよ」となんとか証明してあげることだ。

一年後、結局問題は解決したが、道のりは長い。地道な訓練が必要だ。そして、成犬になっても、時々彼に思い出させるがごとく、同じ訓練を行なう必要がある。大事なことは、決して感情的にならないこと。彼が唸るにはそれなりの理由があるということ。これは、決して誰が群のリーダーであるか、という問題ではないと認識していること。そうすれば、落ち着いた頭で、犬に対処することができるはずだ。

Chapter 3

パピーテスト
Puppy test

子犬の生まれ持った気質を知るためのパピーテスト。
彼らは、どんな個性や才能を持って生まれてきたのでしょう。

3-1 子犬の気質を知るためのテスト

パピーテストとは、子犬の気質を知るために行うテストのこと。ここ北欧では、ブリーダーが子犬を売る前に、同胎の兄弟たちをパピーテストするのはとても盛んです。パピーテストによって、子犬が将来どんな犬になるのか、だいたいの目安が得られます。そして飼い主の性格やライフスタイル、経験とニーズにあった子犬を勧めることができます。ブリーダーによっては、全く飼い主に子犬を選ばせず、パピーテストの結果によって「この気の強い子は、経験のあるあの飼い主に」といった具合に、ブリーダーが選ぶこともあります。

パピーテストは、スポーツドッグやセラピードッグなどとして育てる子犬を選ぶ場合にも、おおいに活用されています。もちろんどんな犬も、訓練をすればある程度はものになります。しかしあまり物品欲のない犬に物品の回収について訓練するとして、その完成までに2カ月かかってしまうかもしれません。一方で生まれつき物品欲が強く備わっている子なら、訓練の完成には2週間あれば十分かもしれません。サービスドッグやセラピードッグなどを作る場合、お金と時間は大きな制限要素となってきます。よって、その犬を欲しい人にとっても、そしてトレーナーにとっても、犬を訓練するための時間は最小に押さえれば押さえられるほどいいわけです。予算には限りがあります。訓練士にお金を払わなければなりません。訓練士もできるだけ短時間で訓練を仕上げる方が、割りが合います。

パピーテストではその犬が目指す目的によって行うテスト項目を変えていくのですが、どのパピーテストにもある共通のテスト項目があります。そのひとつが犬の社会性を判断するテストです。知らない人にどれくらい気を許すか、体を自由に触らせてくれるか、歩き去ったら果たしてその人について行こうとするかなど。自立的なのか、協調的なのか。アジリティをやりたい人であれば、協調的な犬が必要、同時に遠隔で操作をしなければならないのですから、適度な自立性も求められます。セラピードッグを育てている人であれば、人が好きなだけではなく、自由に体を触れさせてくれる犬が必要。テスト項目自体は同じでも、犬の用途によって基準は異なります。

パピーテストにおいてひとつ留意しておいてほしいのは、パピーテストの結果はあくまでもその時点で見せた試験紙的な結果であり、将来変わってゆく可能性も多いにあるということです。環境によって、経験によって、育てられ方によって、飼い主によって、栄養状態によって、訓練の頻度によって、ホルモンの状態によって、子犬は様々な方向に発達してゆきます。

最初のテストに登場するネリーはとても落ち着いた犬であると、私はテストを通して結論をだしましたが、この犬ですら例えば飼い主からいつも体罰を受けたり、子供の好き放題にいじられたり、または他の犬によって何度も攻撃を仕掛けられたりといったつらい経験を成長の中で積んでゆけば、もはや心が落ち着いた状態をいつも保持できる気丈な犬ではなくなってしまうでしょう。

ここでは、通常どんなパピーテストをわたしが行っているか、全19項目のうちのいくつかをお見せします。

3-2 家庭犬の気質テスト

パピーテスト　Puppy test

フレンチ・ブルドッグ、ネリーの場合

ネリー（生後2カ月半）

ネリーはフレンチ・ブルドッグ。11週目の子犬です。
このテストでネリーは、「フレンチ・ブルドッグ」という犬種として
わたしが抱いているすべての性質を見事にみせてくれました。
それだけでなく、ネリーは家庭犬として完璧な素敵な性格の持ち主であることがわかりました。

No.3-a01

アスラン

ネリー

犬に対する社交性テスト

　ほかの犬に子犬を会わせるというのは、通常パピーテストの科目に入っていないのだが、今回はたまたまアスランが近くにいたので、アスランに対するネリーの反応を見てみた。

　偶然だったので、両者にリードがついていることをお許しいただきたい。通常、犬同士がふれあうようなミーティングを行うとき、リードはつけない。飼い主のストレスが犬に伝わったり、間違ったボディランゲージを犬が見せたりしてしまうからだ。もっともこんな大きな犬と、ネリーのような小型犬をいきなりリードなしで私は会わすこともないのだが。それから、アスランのリードが張っている。これは私の反応が悪かったためだ。本来、このような状態で犬を会わせてはいけない。とはいえ、アスランはとても友好的なシグナルをネリーにここで見せている。目を細め、口角を後ろに引く。

　ネリーのリードは緩く保たれ、彼女は逃げようと思えばいつでも逃げられる状況にあるのだが、そこに留まってアスランのあいさつを受けている。ネリーの耳は後ろに引かれ、体重も後ろよりである。大きな犬にあいさつをされたのだ。よって、子犬らしく奥ゆかしく振る舞った。

No.3-a02

じゃぁ、私も少し
あいさつをしてみても
いいのね

　アスランは鼻をはずした。そしてネリーをやさしい目で見ている。子犬への寛容さを示しているのだ。彼がリラックスしている状態は、耳の様子でもわかる。もしネリーを見据えていれば、耳はもっとまっすぐ直面して彼女に向けられていたはずだ。

　このアスランのシグナルにネリーは呼応した。「じゃぁ、私も少しあいさつをしてみてもいいのね」。重心を後ろに置いていた彼女は、今度はアスランに自分から近づいてみる。目に少し白目が見える。顔を少しアスランから背けながら、彼を見ているからだ。怖がっているわけではない。もっとも少しだけ不安感があるのは確か。何しろ会ったこともない犬と面と向かっているのだ。

　これは4秒間の間に起こったシーンだが、これだけでもネリーの気質についてだいたいの予想がつくというものだ。

　フレンチ・ブルドッグはそのつぶれた顔故に、犬らしいボディランゲージを出すのがとてもむずかしい犬種だ。これはフレンチのみならずすべての短吻犬種にあてはまる。そして皮膚がピンと張っているために、皮膚を微妙に動かして表情を作るということをむずかしくしている。つまり表情にも乏しい。言葉をしゃべる上である程度ハンディキャップを負っていると言ってもいい。パグやフレンチ・ブルドッグは、短吻犬種に慣れていない犬からよく誤解を受けたり、いきなり吠えられたりするものだ。さらなるハンディキャップは、ネリーの顔は黒い。つまり、極度に表情が読みにくい犬なのだ。

　にもかかわらず！　ネリーは全身を使って子犬らしい「良き」言葉をたくさん出す。ニュアンスをたくさん見せる、という意味だ。これは一重にネリーの落ち着いた、そしてジェントルな気質のおかげでもある。この子はむやみやたらに怖がったり、ストレスに陥ったりしない。

　なかなかいいぞ、と私はネリーのテストをするのが楽しみとなった。

パピーテスト　Puppy test

No.3-a03

寛容性を見るテスト
仰向けに抱く

　さて、ここから本来のパピーテストがはじまる。まずは仰向けに抱いてみる。すぐに抵抗して逃げようとするか、それともしばらく抱かれたままか。

　ネリーは、抱かれたまま。それだけでなく、私とアイコンタクトをとっても、それほど神経質にならない。ネリーは、子犬なのに、本当に落ち着いている。

　このように抱かれることにまるで抵抗を見せない犬は、セラピードッグとしてぴったりだ。セラピードッグの仕事は、人に身体的なコンタクトを与えて安心させてあげることである。たとえばアジリティをする犬を探しているのなら、ネリーほど落ち着いていなくてもいい。数秒抱かれて、そしてアイコンタクトを取り、その後降りたがっていても一向にかまわない。しかし、抱かれることに抵抗を示したり、パニックを感じたりするような犬では困る。人をなかなか信用できず、自分の世界に生きようとする犬だ。降ろそうとしたときにバランスの良さを見せる犬がいい。この通り、何を将来その犬で行うか、あるいはどう暮らすかによって、同じテストでも「よし！」とする基準が異なるのだ。

No.3-a04

降ろしながら撫でる

　ネリーは抱かれていても、リラックスしていたので、さらに私は別のことをテストしてみる。子犬の反応を見て、私はテストの項目を少しずつ増やしてゆく。もし、ネリーが抱かれることを好まないというのであれば、すぐにやめて次のテストに移っただろう。ここでは何をやっているのかというと、ネリーを降ろしながら、彼女を撫でている。抱かれることにすっかり疲れてしまっていたら、撫でられるのもわずらわしいとばかり、急いで地面に降りようとするはずだ。しかし、この気丈なお嬢さんは、私に撫でられるまま、そして特に抵抗もしない。

No.3-a05

　ネリーは抱かれたことに全く動じていないようだったので、この子ならセラピードッグとしての素質を見つけられるんじゃないかと、もう一度抱き上げテストを延長させることにした。
　仰向けという無防備な状態で、どれだけ私という知らない人に触らせてくれるか。首を背けているけれども、彼女の目に慌てた様子はない。抱いていたからわかるが、体に緊張した状態は感じられなかった。

No.3-a06

No.3-a07

　もう限度である。ネリーはいやいやを見せた。そうしながら、私の目を見ている。アイ・コンタクトで私とコミュニケーションを取ろうとしているのだ。とてもいい犬だ。そして降りようとしても相変わらずその動作は、がさついたものではなくとても落ち着いている。

パピーテスト　Puppy test

社会性を見るテスト
行く手を阻む

　これも社会性を確かめるテスト。ネリーを股の間において、そして軽く胸に手を置いて、行く手を阻む。いやがって手から離れようとするか否か。ネリーはここでもされるがままであった。舌を出しているのは、太陽がきつく暑いためだ。このあとすぐに、影に避難させた。炎天下で行っているのは写真撮影のためであり、実際のパピーテストはぜひ室内で行ってほしい。

人にどう反応するか
圧迫感を与えながら呼び寄せる

　さて、ネリーが私のボディランゲージにどう敏感に反応するか、確かめてみた。ネリーを自由にした後に、わざと体を前に倒して、腕をのばし「おいで、おいで」と誘ってみた。案の定ネリーは「心地が悪いよ」とばかり、耳を後ろに倒して私から避けようとする動作をみせた。

人にどう反応するか
圧迫感を与えないように呼び寄せる

　そして次は体を後ろに倒して、ネリーに脅威を感じさせないように呼んでみた。腕を彼女にのばす代わりに、両脇を開いて股をたたいた。するとすぐさまネリーは戻ってきた。よろしい！　この子はちゃんと人間のボディランゲージをはっきり読み取ることができている。そしてこうして戻ってきてくれることで、シグナルにちゃんと呼応してくれる。

No.3-a11

No.3-a12

リラックスできる能力を見る
高く抱き上げる

　これは空中に高く抱き上げて、その時の反応を伺うテストだ。この写真を見ての通り、ネリーはとてもリラックスしている。後脚を見てほしい。どこかに脚をつけようと、ドタバタしない。私から顔を少し背けているのは、直接目を合わさないようにしているのだ。何度もこのシリーズで記した通り、犬は、相手の顔が接近するのを好まない。それで、このように顔を背ける。というわけで、この状態は、ネリーにとっても、それほど居心地のいいものではない。でも、体をこのようにリラックスできるのだから、彼女の気質がこれでも分かるのだ。

　この状態で10秒大人しくしてくれれば、よし。たとえそれより短くても、一向に構わない。何と言っても犬は宙ぶらりんにされ、おまけに飼い主でもない人と顔を接近させているのだ。心地いいはずがない。ただし、もっとも関心となる点は、どのように「むずがゆがるか」である。前述した通り、パニック状態になって慌てて「降ろして！」を主張する犬よりも、体をくねくねさせながらも動作にまだ緩慢さが残されている方が、心理的には落ち着いているタイプだ。

　それから抱き上げたとたんに、手をかじり、降りさせて！と抵抗する犬がいる。もし私がセラピードッグを探しているのなら、そういう犬については、もう結果がでたようなものだ。

　パピーテストの結果をどのように解釈するのか、これはたくさんの経験が必要だ。ただ反応を記録すればいいというものではない。この犬の何を見なければならないのか。それについては、マニュアルというものは作れないと思う。犬は個体ごとで微妙に異なるし、先にも述べたように、用途によって、そして犬の反応によって、私はパピーテストを延長させてみたり省いてみたりする。

....

　パピーの向きをかえている途中。彼女のリラックスした感じがわかるだろうか。舌を出しているが、完全に出て舌の先が巻き上がっているわけではない。この"抱かれる"ということを、ほとんどストレスに感じていない。

　ところで、このパピーテストを行うとき、テストをする人もたえずに細やかに、犬に対してやさしい表情をするべきだ。

パピーテスト　Puppy test

Chapter 3 家庭犬の気質

No.3-a13

何を嫌がるのかを探る
おしり向きで宙に持ち上げる

　さてこの次は、おしりを人に向けさせて宙に掲げてみる。このときもネリーは全く落ち着いたまま。
　最初に見せたような、人と直面した形で犬が抱かれた場合、たいていの犬は嫌がるものなのだが、どうして嫌がっているのかというのがこの抱き方をしてみてさらに理解が深まる。人と顔が接近しているから嫌がるのか、それとも体が宙に浮いているということ事態が嫌なのか。人におしりを向けて抱かれたときもさらに嫌がっているようであれば、抱かれているという行為自体が嫌いであるということがわかる。
　ネリーはカメラマンの方を見ているが、それでものほほんとした状態だ。私はたとえテストの審査科目に入っていなくても、環境が与えてくれるものすべてを考慮して審査材料にする。ネリーは私という全くの他人、そしてカメラマンというもうひとりの他人に囲まれ、おまけにこんな不安定な状態にされても、リラックスできる。それだけ大きなメンタル・キャパシティを備えた犬であることが理解できる。

No.3-a14

協調性と物品欲のテスト
音を出して遊びに誘う

　紙をクシャクシャに丸めて、この物品に犬が興味を示すかどうか。遊び行動を見るテストだ。このテストから、果たして犬は一緒に遊ぶか（協調性を示唆する行動だ）を判断する。あるいは物品を取って、独りで遊んでしまうか。物品にそもそも興味を示すか否か。
　さて紙を使うのは、紙をクシャクシャにするときの音に対して犬がどう反応するか。そんな音を出したものに、それでも興味深く近づいて、オモチャとして遊ぶだろうか、を見てみるためだ。私がクシャクシャと丸める大袈裟な動作も、何らかの形で犬が反応を見せるかもしれない。それも、私は審査する。例えば、避けるような行動を見せるか、好奇心に満ちた目で「何だろう」と様子をうかがっているか。
　ネリーはさっそくクシャクシャ音に気がつき、私の近くまで寄ってきて、その行為を興味深そうに眺めている。

テストの結果をどう見るか

　サービスドッグとしての犬を探している場合、このテストの結果はとても意味のあるものになる。サービスドッグであれば、車いすに座っている人のために落ちたものを拾ったり、聴導犬として電話を拾ってあげたり、何かを運ぶなど物品を咥えるという行為が必ずトレーニングの中に含まれる。物品を運ぶ行為を苦もなく自発的に行ってくれる犬の方が、断然訓練ははかどるというものだ。犬の中には、口に何かを咥えて運ぶことに全く興味を示さない個体もいる。犬と将来オビディエンスやアジリティ、そのほかいろいろなドッグスポーツを楽しむことを考えている人にとっても、このテスト結果は非常に興味深い。何しろ、遊ぶ心があれば、ご褒美はトリーツだけではなくオモチャを加えることができる。ご褒美の種類は増えた方がいい。そして協調性は、スポーツドッグになくてはならない素質だ。

No.3-a15

地面に紙を這わせて、その興味を見てみる。一応、紙を見るものの、特に集中しているようでもない。彼女の興味の対象ではなさそうだ。

No.3-a16

這わしたものを、やる気がなさそうに少しだけ追いかけ、私が紙を手元に持ってくると、むしろ私のところに来たいがためにやってきた。要は、遊ぶことにあまり興味がないのだ。

No.3-a17

同じ紙をもう一度クシャクシャにして、今度は投げてみた。すると、少しだけ興味を示して、紙の方へゆく。

No.3-a18

咥えたが、今度は柵の隅へ行って自分だけのものとして、独りで遊びをはじめる。これで自発的に人間の方に持ってくるような犬であれば（訓練を入れていないのにもかかわらず）、将来素晴らしいレトリーバーとなるだろう。

パピーテスト　Puppy test

家庭犬の気質

No.3-a19

協調性を見る
引っ張りっこ遊びを好むか

　オモチャを与えたときに、皆さんも自分の犬で実験してみるといいだろう。どうやって遊ぶだろう。独りで遊ぶ方を好むのか、それとも、そのオモチャをめぐってあなたと遊ぶだろうか。オモチャにはそれほど興味がないのだが、あなたがそれを取り出しはじめると、遊びに興じるかもしれない。

　というわけで、ネリーがせっかく紙を咥えて遊びだしたので、私と一緒に紙をめぐって遊ぶかどうか紙を引っ張ってみた。しかし、引っ張ったからといって、それに対して踊り付くように追いかけはじめることはない。ムニャムニャと咬んだまま。私が強く引っ張ったら紙はやぶれ、そのやぶれた破片を彼女は咥えたままその場にうずくまって、相変わらず紙をクチャクチャやっているだろう。

　「あはは」。私は思わず笑ってしまった。なんてフレンチ・ブルドッグらしい！この犬種は頑固なことで知られているけれど、こんなところにも頑固さが十分表れている！

　オビディエンスのチャンピオンクラスで競いたい人には、この子犬は絶対に勧められない。でも、ほどほどまでには絶対に訓練できる。オビディエンスのノービスクラスは絶対にクリアできる。もっともこれはすべての犬に当てはまるのだが。それに、ネリーには物品欲は全くないわけではない。ただ、トップクラスの協調心は持っていないようだ。

No.3-a20

物品に関する人への寛容性
オモチャで遊んでいるときに顔をさわる

　物品を所有しているときに、私は手を出して、彼女の寛容さをテストしてみた。手を嫌がって咬もうとするか。あるいは、私の手を恐れて物品を放してしまうか。

　ネリーは私の手など気にもせず、相変わらず紙をクチャクチャやっている。つまり怖がりもしなければ、防衛行動を見せて怒り出すこともない。やはり、彼女はセラピードッグとしてまさにマッチしたメンタリティを持っていると思われる。口に何かを保持しているときに、セラピードッグなら誰かにさわられたりすることもあるだろう。それにいちいちムカッとして怖がったり攻撃行動を見せたりする犬では、職業においてその犬自身の神経が持たないし、いずれ問題行動も浮上してくる。

　もしこの時点で犬が私の手をちょっと咬んだとしても、アジリティやオビディエンス犬を探しているのであれば、それほど大きな問題ではない。習慣付けでなんとか直せるからだ。しかしセラピードッグとしては、この問題は少しでも頭をもたげてはならないのだ。

No.3-a21

物品に関する寛容性
咥えたオモチャを左右に振る

　彼女の物品に対する寛容度をもう少し見てみたい。紙を口の近くでつかみ、右に左に振ってみた。しかし、それでも「これは自分のものよ！　邪魔しないで！」という意味での「ムッ」とした態度は見せていない。遊びに興じているものの、リラックスしている。

No.3-a22

物品欲を見る
ボールに興味を示すか

　次のテスト。ボール遊びに興じるか。遊ぶどころか、ネリーはただボールを見ただけで、全く興味なし！　私が転がしてみても、だ。

No.3-a23

好奇心を見る
いろいろなものを置いてみる

　物体への興味。日常あるもの（靴）、あるいはまるで見たことのないもの（黄色い人形）、ブリキの缶を置いて、子犬を放してみる。黄色いボールは、ネリーが先ほど見たものであるが、これは子犬を安心させるために置いてある。さてどの物体に、ネリーは最初に興味を示すだろう。私が興味あるのは、もし興味を示したとして、どのようにそれを探索するのか、ということ。

No.3-a24

「うん、あのボール知ってる。でも興味なし！」

　案の定、ネリーは先ほど何も興味を示さなかったボールを無視して通り過ぎて行った。しかし、ちゃんと目では捉えている。「うん、あのボール知ってる。でも興味なし！」

パピーテスト　Puppy test

3-3 セラピードッグの気質テスト

ボーダー・コリー、バーディの場合

バーディ（生後2カ月半）

バーディは、飼い主がセラピードッグになってくれることを期待して育てられている犬だ。
もし今回のテストで結果がよければ、セラピードッグとしての訓練を受けたいと相談をもちかけられた。
今回は撮影のために来てもらったので、その一部しかテストできないことを了承してもらい、
バーディに参加してもらった。バーディはボーダー・コリーのメス。ネリーと同様に11週目の子犬だ。

No.3-b01

バーディ

居心地の悪いことをしたときの反応を見る

　実はテストの前に、バーディはハーネスを付けられること、そして脱がされることが大嫌いで抵抗するのだと飼い主から警告を受けた。それなら私が脱がしたらどのような行動を見せるか、それも気質の判断の手がかりにさせてもらうことにした。

　バーディの顔面に手をあてているのは「これからこの手があなたの体を触りますよ〜」ということを予め知らせているのである。そして同時にこれが彼女にどんなリアクションを引き起こすかも見てみたかった。耳を後ろに倒して（そして耳の間もあいている）、やや居心地の悪さを示しているが、しかし特にこれといって怯えた様子はない。「何をやっているの？」と子犬らしく混乱している様子だ。こんなひどいボディランゲージを私自身が見せなければならないので、常に笑顔で、そして体を前に倒さず、これ以上プレッシャーをかけないように気を使った。

　パピーテストのときに心がけなければならないのは、子犬にこのような多少の居心地の悪さを与えなければならないとき、体のどこかでこれを補うべくフレンドリーなシグナルを見せる必要がある。

　なぜなら、パピーテストは、子犬を怖がらすためのテストではないのだから。多くの人が抱いている誤解は、できるだけ「気丈な子犬を探したい」という一心で、子犬を過度に怖がらせようとする点だ。「この子だけは、兄弟の中で逃げなかった！」そういう個体を、驚かすことで見つけようとするのだ。それは正しくないと思う。というか、それでは今後の人間に対する不信感を育ててしまうだろう。

No.3-b02

　さて、手をみせたところで、早速ハーネス取りにかかった。この通り、リードを取ろうとしたところから、彼女は後ずさりをして心地悪さを訴えた。しかし、攻撃をして自分を守ろうとする行動は見られなかった。バーディは、できるだけこれをゲームとして捉えようとしているのかもしれない。逃げることができれば勝ち！というような。

　バーディの飼い主は、明らかに計画立てたハーネス訓練をしていなかったと見える。犬がハーネスをつけるのは当たり前だと言わんばかり、子犬が慣れないうちからその体をつかんでハーネスを付けて取り外す、をしばらく繰り返したのだろう。犬の言葉を何も読まずに、そして大人しくしていたことを褒めて助長することも忘れて。これでは少し無謀すぎると思うのだ。

　先のネリーと比べると、バーディはさすがボーダー・コリー。何事に関しても動作が素早い。こちらの見せるちょっとした不快な動作に、「キッ」と反応して、その慌てようも大袈裟である。ボーダー・コリーのようないわゆる「賢い」と呼ばれる犬たちには、同時にこのような「ピリピリ」とした感受性も備わっていることを飼い主は理解していなければならない。この「ピリピリ」した緊張感があるから、あれほど素早く動作を成し遂げ、素晴らしいパフォーマンスを見せる。しかし、このピリピリ度というのは、悪い心情の方にも簡単に傾いてしまう。

　しかしバーディの場合、ただ動作が速いだけではなく、気持ちの動揺が大きいのが見て取れる。速い動作にパニックの感情が付け加えられている。ボーダー・コリーとはいえ、望ましい気質ではない。

パピーテスト　Puppy test

セラピードックの気質

No.3-b03

興奮度を確認する
内股をさわる

　内股にふれることで、どれだけ全身にテンションが入っているか確かめることができる。そう、バーディの内股はとても堅くなっていた。たいてい、使っている部分の筋肉だけが堅くなるものなのだが！

No.3-b04

　子犬のハーネスはこんなに複雑なものにしてはいけない。子犬用のもっと簡単なハーネスがあるはずだ。こちらに足を入れたり、出したりという行為を無理矢理行わなければならず、子犬に不快感を与える。それから、子犬の胸に対してもっとやさしいハーネスである必要もある。子犬はまだ体ができあがっていないのだ。これでは、引っ張ったときの押さえつけられる力が強すぎて、子犬の胸に負担をかける。
　写真No.3-b04は、私が体をさわりまくっているうちに、少し慣れリラックスしたところ。そこで、そっとハーネスをどけてみることに。
　しかしいざ、脱がそうとすると、抵抗を見せた（**写真No.3-b05**）。頭から何かをかぶせるというのは、子犬のみならず人間の子供すら嫌がることだ。なるほど、飼い主が苦労しているのが理解できる。

No.3-b05

83

No.3-b06

寛容性を見るテスト
仰向けに抱く

さて、ハーネスをなんとか脱がしたところで、
まずは仰向けに抱くテスト を行う。

No.3-b07

やだよ〜！

「やだよ〜！」。バーディを仰向けにしておくのは2秒も不可能であった。すぐに抵抗する。もっともハーネスを脱がしているときに、既にたくさんストレスを与えてしまっている。それも影響しているのだ。
「仰向けで抱かれるのを一切許容できないのでは、セラピードッグにはなれないよ、バーディ」と私は思った。でも、このパピーは人間とのぴったりとした身体的なコンタクトが苦手なだけであり、そのほかにいい点がある。
だからこそパピーテストというのは、いくつかの課題に分かれているのである。一つだけの結果を見て、決して最終結論を出すことはできない。子犬に隠されている様々な要素・性質・可能性は、すべての結果を統合して結論ずけなければならない。

No.3-b08

寛容性を見るテスト
顔を近づけて抱く

仰向けにすることもできず、
今度は私に顔を向けて抱いてみることに。
相変わらず居心地悪そうに振る舞うバーディ。

パピーテスト　Puppy test

No.3-b09

リラックスできる能力を見る
高く抱き上げる

さて、宙ぶらりんで私に顔を向けて抱き上げることができた。そのとき子犬を安心させるために、すかさず欠伸をしてみた。バーディの体はとても堅くなっている。

ネリーのリラックスした後脚と比較すると（P76　**写真 No.3-a11**）、バーディのそれには力が入り、収縮している。どこかに早く後脚を付けたくてしょうがないという様子だ。

No.3-b10

おしり向きで宙に持ち上げる

抵抗することでもう結果はわかったから、今度は安心させてあげるために、私におしりを向ける形で抱いた。ほっとしたのか、舌をすぐにぺろりと出した。

No.3-b11

おしりを向けて抱いているにもかかわらず、これでもやはり「何をしているのよ！放して」といわんばかりの嫌悪を見せた。このパピーについては、これでだいたいがよくわかったので、抱くテストはこれで終わりだ。自分の体がコントロールできないということに焦りを感じやすく、そして人への許容がとても低い。

最初のハーネスについては、訓練で馴らすことができるだろう。しかし、彼女が持つもともとの気質、つまり繊細すぎるところ、すぐに反応というか過剰反応をおこす部分、物事がどう進むのか見てやろうという心の余裕のなさは、生涯この犬にずっとつきまとうキャラクターではないかと思う。もちろん、それに合わせた訓練は、バーディには非常に必要だ。

何をしているのよ！放して

No.3-b12

「何、それ？」

協調性と物品欲のテスト
オモチャで遊びに誘う

紙をまるめたものを見せ、果たして私と一緒に遊ぶかどうか、というテスト。

「何、それ？」と少々さめたような態度である。耳を後ろにして、特に気持ちの高揚は見られない。残念なことだが、バーディはハーネスの件で少々体力と精神力を使い果たしてしまったと思う。だから、彼女がもう少し気力があったら、別の行動を見せていただろう。

以上のことからも、テストをするときは、その前のパピーの状態を壊さないよう、気をつけなければならない。決して余計なストレスを与えないことだ。

もっとも、これでバーディのメンタルキャパシティの量というのも、なんとなく推し量れたのだが。

No.3-b13

物品欲を見る
オモチャを目の前で動かす

紙を地面で這いずり回せて、さらに彼女の関心をひこうとした。しかし、「なんだろう？」と鼻をつけて確認しただけだ。

No.3-b14

物品欲を見る
オモチャを投げる

そこで、私の側にいるのが嫌なのかもしれないと、紙を投げた。すると今度は口で取った。しかし、こちらには持ってこない。掴んだだけで、遊びを続けることはなかった。

パピーテスト　Puppy test

No.3-b15

紙を取り戻し、地面に這わせて、再び彼女を遊びに誘った。今回は、以前よりも興味を示している。

No.3-b16

彼女が咥えたところで、引っ張りっこをしてみた。ここにいることに、少し自信を得たのだろう。遊びに夢中になる少し手前まで、気持ちが高揚してきた。以上から言えるのは、バーディには物品欲・遊ぶ欲というのは確かに存在するのだが、彼女はなかなかエンジンがかからないタイプだ。でも一旦かかれば、とても夢中になって、そしてつらつらと遊ぶはず。これは、今後の飼い主の接し方によるだろう。敏感だから、せっかく持っているものを正しくない「しつけ」と「接し方」によって簡単に壊されてしまう可能性もある。バーディは、初心者向けの子犬ではない。

No.3-b17

物品に関する人への寛容性
オモチャで遊んでいるときに顔を近づける

　犬がものを咥えている間、私が顔を近づけて、果たして犬は咥えたまま遊びつづけるか、ウ〜と唸るか、または放してしまうか。

　バーディは、この後すぐに紙を放してしまった。実は、放してしまうのは、犬としてごく普通の行動だ。物品を回収してきた犬がどうしても物品を口から放してくれないときは、顔をくっつけてこちらが口で取る振りをしろ、と言うぐらいだ。

　ただ、飼い主にバーディがセラピードッグとして向くかどうかと聞かれていたので、彼女が放してしまった事実に、またもやがっかりしてしまった。

　放してしまったのは、私を恐れたからだ。でもセラピードッグなら、子供たちに囲まれ、口をいじられたり、あるいは何かを口で咥えているところを子供が取ったり、入れたりするような状況によく置かれるものだ。そんな犬であれば、咥えているところに私の口や手が出てきたからって、怖がるようではいけない（また、ウ〜と唸って放さないのもよくない）。なんとも思わない、という気質が欲しいのだ。さもないと、"怖い"という気持ちは防衛心につながり、子供がうっかり手を伸ばしたときに（犬が何かを咥えているとき）、咬まれたりするリスクは多いにある。

No.3-b18

好奇心を見る
いろいろなものを置いてみる

　新しいものを探索する好奇心があるかどうかのテスト。バーディはまず靴に興味を示した。彼女は、ネリーと異なり、一度立ち止まって、それからニオイを嗅いで確かめるという行為は見せなかった。いきなりオモチャにすっ飛んで行った。子犬であれば、もう少し注意深く行動をしてもいいと思う。衝動が勝ってしまう犬は、よくほかの犬とのケンカに巻き込まれやすい。相手のボディランゲージを読まずに、衝動に駆られていきなり近づいたりするからだ。

　しみじみ、もう少し探索する注意深さがほしかったなぁ！

パピーテスト　Puppy test

No.3-b19

バーディは、物品となると少し生き生きとしてきた。やはり、彼女のエンジンはかかり具合に少し時間がいるようだ。

No.3-b20

かじって確かめてみるというのは、子犬の典型的な行動だ！

以上で、私はテストを打ち切った。実は外はとても暑く、子犬には堪え難い気候だったし、バーディにこれ以上負担をかけたくはなかった。私は、ただしバーディの飼い主にこの時点で、バーディがセラピードッグに向くか向かないかという結論を出していない。それにはもう少し、いろいろなテストをする必要がある。それに今回は撮影という名目のため、テスト状況が完璧ではないからだ。でも私の直感では、この子はセラピードッグには向かないと思う。

もっともバーディは牧羊犬だ。生まれついてのスポーツドッグだ。たしかに職業として何か技術を身につけるとなると、あらゆる部分で完璧でなければならない。たとえば家庭犬としてオビディエンスを競ったり、アジリティに参加する犬としてなら、申し分ない。ここではあくまでも、セラピードッグとしての素質という面で私はテストの基準を設けていることを了承してほしい。

3-4 作業犬にふさわしい気質とは？

作業犬とは、人と共に何かの作業をする犬のこと。もちろん、警察犬や麻薬探知犬、介助犬、盲動犬、そしてスポーツドッグもここに含まれます。

私は、隣町にあるオーボリの軍事基地のK9部（軍事犬部）に、最近子犬がやってきたということを聞きつけました。その子犬は、すでにパピーテストを経て軍用犬に選ばれた個体です。今後すばらしい作業犬になるというその犬は、子犬期にどんな気質を見せてくれるのでしょう。

別に軍事犬に関係なく、いい作業犬はいいものなのです。よって、愛犬とドッグスポーツをしたいと思っている方や、よきチームワークを作れる子犬を探しているトレーナーにも参考になるかと思い、さっそく基地に出向き子犬に会ってきました。

作業犬というのは、ただ元気であればいいというわけではありません。生きる欲に溢れながら、決してその欲に過度に飲み込まれない。常に自分をコントロールできる力がちゃんと残されているのです。犬の持っている防衛欲、狩猟欲、そして人間とコンタクトをとりたいという社会欲を上手に組み合わせ、かつ自制を効かせている、そんな結晶のような犬がいわゆる警察犬や軍用犬といった作業犬でしょう。

オーボリの軍事基地には19頭の軍事犬（及び軍事犬として訓練中の犬）がいます。ストームはそのチームの一員となるべく、つい一週間前にやってきました。今は9週目です。デンマークの軍用犬は、常にハンドラーと一緒に生活をします。たとえその日の職務が終わっても、軍の犬舎においてゆくのではなく、家につれて帰ります。犬はそこではファミリードッグとしての生活を送ります。

ストームのハンドラーであるティム・ガムさんは言います。「どんな作業犬にも言える

ストーム（生後2カ月）とハンドラーのティム・ガムさん

のですが、精神的なバランスが取れていないと一緒につき合うことができません。たとえば、軍用犬として激しい気質を持っていることも大事ですが、こうして家族と一緒に住むのですから、オンとオフの切り替えが大事です。いつまでも防衛作業モードで、人間を相手に攻撃しようとストレスに飲み込まれていたら？　僕は決してそんな犬を、うちのような小さな子供のいる家庭にはつれて帰れませんよ。そしてストレスに飲み込まれている犬は、コントロールができないということでもあり、結局は作業犬としても使い物になりません」。

ストームは、デンマークのとある無名の犬舎からやってきました。しかし、作業犬として素晴らしい父母を持ち、ストームのみならず、彼の5頭いる兄弟姉妹も同様にパピーテストでよい結果を見せました。

「僕がストームを選んだ理由は、一番好奇心が強くてアクティブ、でも独立心がある。例えば、ほかの子犬たちは皆固まって一カ所にいたけれど、ストームだけは一頭離れてのほほんとしていることができる。精神状態が落ち着いている、何かに依存しなくても自分の気持ちの平和を保てるという意味です」。

ストームは、将来パトロール・ドッグになります。独りでもいられるという心理の気丈さは、まさに好ましい素質です。

パピーテスト　Puppy test

作業犬にふさわしい気質

No.3-c01

　これが爆弾探知犬なら、また別のメンタリティが要求されます。爆弾探知犬は、いわば狩猟犬と同じ欲で作業ができる犬たちです。シェパードである必要はなく、レトリーバーやスパニエルが素晴らしい素質を見せています。「レトリーバーやスパニエルが爆発物探知をするときは、ゲームの一部。しかし、そのゲームを飽きもせずに延々と続けられる、それもどんな状況でもどんな環境でも」。

　パトロールドッグには、防衛する欲（相手を撃退したいという欲）、命令されたら独りで何かを守って番をする能力、咬んだり放したりと気持ちを次々に切り替えられる頭のクールさなど、さらに多くの才能が要求されます。

　16年間作業犬と向き合ってきたティムさんは、今まで子犬を選んだときの大事な基準をこう話してくれました。

　「作業を持続したいという強い意欲は、多分、犬が独立していることでもあり、同時に強い好奇心からもくると思います。ストームを選ぶときに大きな金属音を突然鳴らしたのですが、そのときストームだけが逃げた群れからのこのこはい出してきて、床に落ちている金属をクンクン嗅いでその場に残っていました」。

　勘違いしてはならないのは、独立しているといっても、協調心がなければ、もちろんチームワークは成り立ちません。人間と何かをすることに何も異議がないストームの様子を、以下のシリーズで追ってみましょう。

No.3-c02

人に対する社交性を見る

　子犬のテストをするときに、"知らない人に対してどのように振る舞うか"という項目がある。本来は飼い主もリードもなしで行うものだ。ここに示したのは、テストではなく、日常の反応をうかがっているのにすぎない。

　ストームは、全く知らない人間、それもサングラスをつけて「恐ろしく大きな黒目」を見開いているにもかかわらず、一瞬の躊躇もなく私からトリーツを取った。

No.3-c03

　9週目の子犬であるにもかかわらず、特にサングラスも怖がらず、そしてその場を去ることもなく（去ろうと思えばされるのに）、こちらに近づこうとする。私の姿勢は前かがみであることにも留意。ストームは耳で自分の良き意図を示しているのがここでわかる。そっと顔の横顔を触っても、別に動揺した様子は見られない。

No.3-c04

　サングラスを外して遊ぶことにした。相変わらず、一緒に遊ぼうとするポジティブなストーム。子犬らしくひっくり返りながら、そしてパクパクと手を咬んで遊ぶ。

No.3-c05

寛容性を見る
仰向けに抱く

　ハンドラーのティムさんは、「この犬は決して人の腕の中に仰向けになって抱かれることなどない」と話してくれた。確かにすぐに抵抗したが、前出のボーダー・コリーのバーディと異なるのは、イヤイヤをしながらも全く恐怖心がないということ。抱いてみなければ分からないのだが、体の緊張感が違う。どちらかというと、ストームに関してはすべてが遊びの延長なのである。

パピーテスト　Puppy test

No.3-c06

寛容性・恐怖心の度合いを見る
足の下に入れ、歯をさわる

　ストームを降ろすと、彼はまだゴロゴロと転がって遊ぼうとする。そこで写真のように足の下に入れてみた。腹をだしているのは、明らかに無防備な恰好であるが、私の足が上にきても、まだジタバタしながら気分は遊び。

　彼の口を開けて、歯のチェック。抵抗するだろうかと思いきや、これすら遊びの延長と思っているようだ。そして協調して遊ぼうとしている。何しろ私は彼にとっては赤の他人。にもかかわらず、ストームにとってこの時期、世の中に起こることすべてがゲームか遊び。喜びに溢れているようだ。それはひとえに、彼の心理的な強さのおかげでもある。そしてパピー独得の希薄な恐怖感だ。

　人によっては、「子犬は今、人間をアルファと見なしているから」と解釈する人がいるかもしれない。私は大声で笑うだろう。そんなペコペコした弱気な犬が将来、軍用犬として使えるはずがない！　軍用犬とハンドラーの関係は、協調と信頼関係、ただこの二言につきる。

　そしてストームがこうして見せている大胆さは、今関係が培われつつある彼の新しい飼い主、ティムへの信頼感にもよるのだろう。前出のバーディとは、対応及び、犬生に対する態度が異なる点に留意されたい。

No.3-c07

寛容性・協調性を見る２
犬の脚をさわる

　まだ足の下で戯れている。犬の敏感な部分、脚をさわる。出してくれ！と抵抗すらせずに、遊び続けるのだ。フレンチ・ブルドッグのネリーもさわらせることにとても寛容であったが、ネリーはおとなしくしていた。一方ストームは、人間とのこれらすべての関わりを"遊び"として捉えているようである。何でも面白がる！　ここが作業犬たる気質なのだ。

No.3-c08

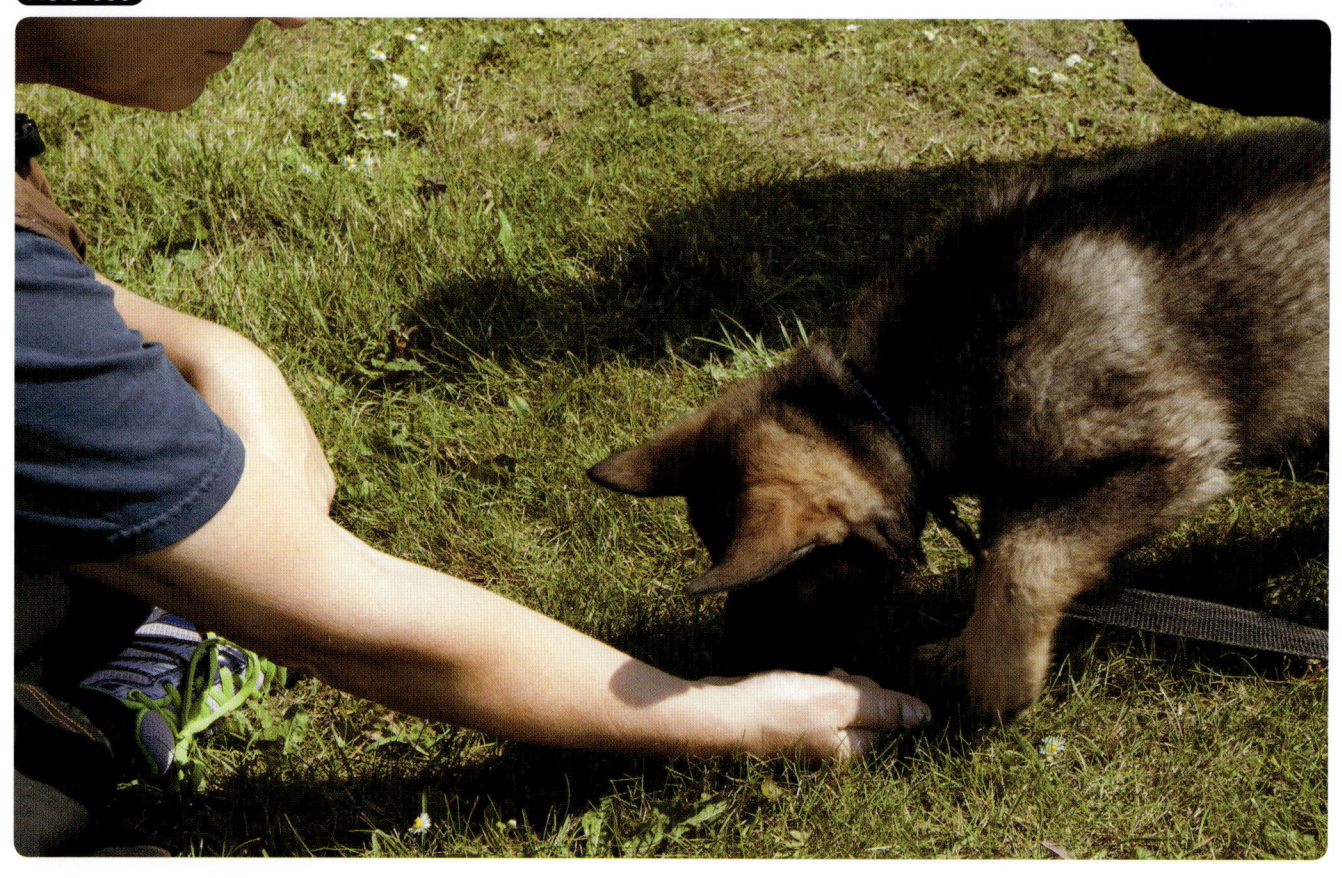

探索欲・持続性を見る
トリーツを手に隠す

　ティムさんはこう語った。「草むらに、トリーツのニオイのする仕掛けを作って、子犬たちを放し、どの子が懸命になって探すか見てみよう。トラッキングの先にはトリーツが隠されている。2つほど見つけたら、もうそれ以上働きたくないと離れてしまう子もいれば、もっとあるはずだと執拗に探す子もいる。そんな諦めない子が作業犬にふさわしい」。
果たしてあなたの子犬は、ティムさんの理想とするような犬？
　今、その性質を見極める簡単な実験を行っている。握られた手にはトリーツ。これをなんとか諦めずに取ろうとするのだろうか。

　たとえば、レトリーバーの場合、容器に入ったトリーツが開けられなかったら、すぐに人間の顔を見てコンタクトをとるタイプがいい。そうして人から助けを得る。レトリーバーの仕事の多くは、人が獲物の場所へハンド・シグナルを出して指示をするなど、密接なコンタクトに依存するもので成り立っている。しかし、シェパードであれば、自分でなんとか開けようとするタイプのほうが軍用犬として適している。

No.3-c09

　ストームはしばらく頑張った後に「なんだ、取れないじゃないか！」と横にごろりと転がる。何かすぐに気を散らそうとするのは、子犬らしい行動だ。

パピーテスト　Puppy test

作業犬にふさわしい気質

No.3-c10

独立性を見る
休憩中の様子を観察する

何気ないシーンに見えるかもしれないが、これもストームの性格を語っている。しばらく遊んだら、一休憩つくストームだが、このときに少し人間から離れたところにいる。それでも平気なのだ。落ち着いて独立的な犬である。

No.3-c11

リラックスできる能力を見る
高く抱き上げる

ストームは、抱き上げられるのが好きではない。ただし、ここでも全身に緊張感はなかった。ただイヤイヤをするのみ。脚が地についていないのが嫌だ！というのが、収縮した後脚に見て取れる。この点に関して、ストームは将来鍛えられるだろう。軍用犬は時に軍人の背に抱えられて移動を余儀なくされるときもあるからだ。前にも述べたように、セラピー犬となるべき犬が、この性質を見せるのは絶対によくない。しかし、軍用犬としてなら、それほど致命傷ではないのだ。

No.3-c12

協調性と物品欲のテスト
オモチャで遊びに誘う

物品欲があるかどうか。軍用犬として選ばれたパピーだ。もちろんあるに決まっている！　職種にかかわらず、作業犬として優秀な犬のすべてには物品欲がある。これは、狩猟欲から由来するものだ。物品欲を使えばいろいろな使役に導くことができるから、「犬を使う」人間にとっては極めて便利なツールとなる。サービスドッグであれば、何かを拾ってあげる、持ってきてあげる。セラピードッグだって、子供のために持って来い遊びができたら人気者となる。狩猟犬ならもちろん、撃ち落とした獲物を拾ってハンターの元に届ける。軍用犬や警察犬であれば、襲撃をして咬んだまま「敵」を放さない、など。

また物品欲を使って、ストレス・コントロールをすることもできる。一度咬ませても、絶対に物品を振らせない。そうして、自制する気持ちを植え付ける（犬は最後のとどめをさすために、咥えた獲物を振って殺す）。ただし、物品欲を間違って使うと、犬を余計にストレスに陥れる。

No.3-c13

たとえ体をおかしな位置に置いても、まだ物品を咥え続けている。そして私と遊び続けようとする。これは作業犬の子犬としてとても好ましい！

No.3-c14

物品に関する寛容性
オモチャで遊んでいるときに顔を近づける

　物品との遊びに興じているときに、彼の鼻に私の顔をくっつけてみた。これは、ボーダー・コリーのバーディにも試したことと同じだ。シェパードの中には、私がこうすると迷惑がって、ウ～ウ～唸りながら物品を咬み続ける犬もいる。しかし、ストームは明らかに何も気にしないのだ。そしてひたすら引っ張りっこ遊びに勤しむだけだ。将来、敵に咬み付くこともあるだろう。そのときに何をされても、中止の号令が出るまで咬み続けていなければならない。ストームには既にその素質が見て取れる。咬んでいても、不思議な落ち着きがあるのだ。

column

ケネルクラブが公開しているパピーテストの項目

文：藤田りか子

　スウェーデン・ケネルクラブでは、パピーテストのサンプルを無料で配布している。この結果はケネルクラブのデータに入るわけではなく、あくまでもブリーダーの便宜を図ってのこと。そして、結果を飼い主に渡すこともあれば、ブリーダーが自分で保存して、今後の子犬たちが大きくなってメンタルテストを受けるときなどの参考にする（どのようにその後、気質を発展させていったか、確かめることができる）。

　そのテストの項目は、アメリカやほかのヨーロッパ諸国で行われているものとほとんど同じだ。ヴィベケが個人で考案したパピーテストともよく似ている。

　そして解釈の仕方は、その犬を何に使うかによって全く異なる。たとえば、最初のテスト「独り残された犬がクーンと鳴くまでの時間」は、独立して仕事をしてほしいという犬であれば、時間は長い方がいい。また飼い主と協調して仕事をしなければならない犬がいつまでたっても鳴かないというのは、これまたあまり好ましくない傾向だ。同時に、決して一項目のテスト結果から結論を出すのではなく、ヴィベケが記しているように、いろいろな角度からテストは行われるので、それら子犬の反応を統合して最終的な結論をだすべきである。

注意事項

- 子犬がテストを受ける日齢は49日目（7週齢）がベスト。6週目では、まだ子犬の脳が完全に出来あがっていない。そして8週目以降においては、子犬は非常に敏感な時期を迎えており、この時期に嫌な思いをすると、その後、性格に尾を引いてしまうことになりかねない。
- テスト時間は、20分を越えないように。
- 子犬は、1頭1頭テストすること。そのときに、回りに兄弟犬たちや親犬はいないこと。
- テストをする場所は、子犬がまだ訪れたことのないところで。邪魔が入ったり、気を散らせたりするようなものがない場所を選ぶ。
- テストは、子犬の知らない人によって行うべきである。

　テスト自体はとても簡単に行えるものであるが、子犬の行動を見てそれをどう判断するか、が難しい部分である。時には、テストの診断表のどの項目にも当てはまらないときがある。その際は、横に子犬が実際に何をしたか、メモをしておくといいだろう。

　たとえ、子犬が何も反応を見せなくとも、もう一度テストを行ったりはしないこと。反応はそのまま記録することである。

スウェーデン・ケネルクラブが公開している
パピーテストの主な項目

【 1. 独りでいられるか 】

何もないテストの部屋に子犬を残す。そして試験官は部屋を出てドアを閉める。最初に「クーン」と鳴くまでの時間を記録。そして「出してくれ！」と声をだすまでの時間も記録。

【 2. コンタクトを取るか 】

部屋に試験官が入る。1分から2分内に子犬が何もコンタクトを取らなければ、子犬を呼んでみる。そのときに、どの反応示したか。

1 喜んでやってきた、尾は高い、
　ピョンピョン飛んだり、手を咬んだりする
2 喜んでやってきた、尾は高い、
　前脚をかけようとする、手を舐める
3 喜んでやってきた、尾は高い
4 用心深そうにやってきた、尾は高い
5 用心深そうにやってくる、尾は低い
6 全く来ない

【 3. 人なつこさ 】

社会性という意味で、独立した気質か、それとも人を頼ろうとするかを判断。
試験官は部屋の床に正座してみる。子犬は既に部屋にいる状態だ。そして、犬をこちらにおびきよせてみる

1 喜んでやってきた、尾は高い、
　ピョンピョン飛んだり、手を咬んだりする
2 喜んでやってきた、尾は高い、
　前脚をかけようとする、手を舐める
3 喜んでやってきた、尾は高い
4 用心深そうにやってきた、尾は高い
5 用心深そうにやってくる、尾は低い
6 全く来ない

【 4. 付いてくるか 】

どれだけ人間に付いてきやすいか、人を頼ろうとするか。
試験官は立ち上がり、そして子犬から歩き去る。

1 喜んで付いてくる、尾は高い、ピョンピョン飛んだり、
　手を咬んだりする
2 喜んで付いてくる、尾は高い、前脚をかけようとする、
　手を舐める
3 喜んで付いてくる、尾は高い
4 用心深そうに付いてくる、尾は高い
5 用心深そうに付いてくる、尾は低い
6 全く付いてこない

【 5. 寛容性 】

威圧的に扱われたときに、子犬はどれだけストレスに耐えられるだろうか。
試験官は座り、子犬を仰向けにして抱く。そのまま30秒、手を保定したまま抱いている。

1 はげしく抵抗した、唸ったり咬んだりした
2 はげしく抵抗した
3 力を抜いていた、抵抗しない
4 最初は抵抗した、そして大人しくなり、手を舐める
5 抵抗はしない、手を舐めた
6 固まったまま、抵抗しない

【 6. 物品欲 】

協調性の度合いを見る。
紙をクシャクシャと丸めて、まず犬の興味をそそる。そして子犬の1m前に投げてみる。

1 紙を追いかけて、拾った。
　そして口に咥えたまま走って行った
2 紙を追いかけた。そのまま紙のところにいたまま、
　試験官のところに帰って来ない
3 紙を追いかけて、試験官のところに咥えて持ってきた
4 紙を追いかけた、しかし紙を咥えずに
　試験官のところに戻ってきた
5 全く紙を追いかけない

【 7. 好奇心 】

見たことのないものに興味を覚えるか。
タオルに紐を結んで、子犬の目の前に置いて、ビュンと引っ張ってみる（子犬と反対方向に）。

1 タオルを見た、捕まえて、咬んだ
2 タオルを見た、捕まえて、吠えた
3 興味深そうに見た、そして前に進み出て、
　何であるか確かめようとした
4 タオルを見た、吠えた、尾は脚の間に入っていた
5 びっくりして、隠れた
6 興味深そうに見た

【 8. 音への敏感性 】

音にどれだけ敏感であるか。
子犬から1mぐらいのところに立つ。
そして鋭い音を立てる（手をたたくなど）。

1 音を聞いて、どこから聞こえるのか確かめようとした、
　音源のところにやって来て、吠えた
2 音を聞いた、どこから聞こえるのか確かめようとした、
　吠えた
3 興味深そうに音を聞いた、そして音の方向へやって来た
4 音を聞いた、そしてどこから聞こえるか
　確かめようとした
5 びっくりした、そしてその後、
　音のした方にやって来て、確かめようとした
6 怯えて、その場を去り、隠れようとした
7 音を無視した、何も興味を見せなかった

ただし、ブリーダーは必ずしもこの通りテストを行うとは限らず、
自分の好みで付け足したり、あるいは省略したりする。
以下は、ゴールデン・レトリーバーのブリーダーで生後6.5週目の子犬に行われたパピーテストの一部だ。
このゴールデンたちは、ワーキング（フィールドまたはオビディエンス）の
素質を重視して作られているブリーダーの犬である。
協力してくれたのは、スウェーデン南部、ショービー市にお住まいのマリア・アクセルソンさん。
ケネル・リダックスのブリーダーでもある。

No.3-d01

普通の家庭環境の中ですくすくと育った10頭のゴールデン・レトリーバーの子犬たち。ケネルでは、リビングルームに柵をはって、その中で母犬が子犬を育てている。母犬が時々子犬から離れて休めるよう、柵には母犬だけがまたげる入口がついている。

No.3-d02

【1. 独りでいられるか】

子犬が入ったことのない部屋に入れる。そして人はすぐドアを閉めて退場。このゴールデンたちは、クンクン鳴くまでに平均30秒ぐらいであった。

No.3-d03

【2. コンタクトを取るか】

　試験官が部屋にやってきた。彼女は、マリアさんの友人で、同様にゴールデンのブリーダーでもある。こうしてブリーダー同士がお互いに助け合って、パピーテストをしているのだ。
　さて、子犬はコンタクトを取るかな？　このゴールデンたちは10頭の兄弟姉妹になるのだが、見事、全員が見知らぬ試験官に何の躊躇も見せずコンタクトを自分から取りにいった。社交性はとても強く、まさにゴールデンという犬種らしい気質でもある。

No.3-d04

【6. 物品欲】

　マリアさんのテストでは、紙をまるめて投げるかわりに、ボールを使用。ゴールデンを回収する犬にするために、むしろボールの方がふさわしいと考えたからだ。こうして、ブリーダーは自分の犬種に、あるいはブリーディング目的に合うように、既存するパピーテストに少しずつアレンジを加えるものだ。
　ボールを転がすと、そこに行ってはみるものの、遊びはじめる子とそうではない子と。

No.3-d05

【7. 好奇心】＆
【8. 音への敏感性】

　ボールを咥えることはなかったが、動くタオルは大好きですぐに捕まえて、咬み付いた。このような旺盛な狩猟欲は、今後訓練する上でトレーナーや飼い主にとって素晴らしいツールとなる。
　このブリーダーはこうしてパピーが遊んでいる間に、車の鍵を床に落として大きな音を立てた。しかし、どのパピーたちも音を無視して遊び続けていた。
　これから狩猟犬として訓練を受けるゴールデンたち。これでガン・シャイ（銃声に敏感であること）である可能性はとても低いことが分かった。音への敏感性というのは、狩猟犬にとってはとても大事なテスト項目でもある。

No.3-d06

【6. 物品欲】＆【7. 好奇心】

　見知らぬ大きな人形にも、まったく頓着せず！ すぐに調べて、ついには乗っかりはじめた！ もちろんこの子はオスである。

No.3-d07

【6. 物品欲】＆【7. 好奇心】

　このテストは、ゴールデン・ブリーダーのマリアさんならではのオリジナルだ。鳥を見せて、既に獲物を回収する興味はあるか？を見る。なんと、すべての子犬たちが、鳥の羽を咥えた。咥えただけではなく、それを持って、周りを歩いた子もいれば、人間の元に戻ってくる子も。

　ただし、「子犬のこの時点において物品を回収するかしないかというのは、それほど大きな問題ではない」と、ブリーダーのマリア・アクセルソンさん。後でいくらでもトレーニングして、回収技は磨くことができると言う。それよりも最も大事なのは、社会性があるということ、人に対して強いコンタクトを持っているということ、そして遊び欲（狩猟欲）。これらツールがしっかりと身に搭載されていれば、あとは飼い主次第である。上手に訓練をして、才能をいくらでも伸ばしてあげられる。

No.3-d08

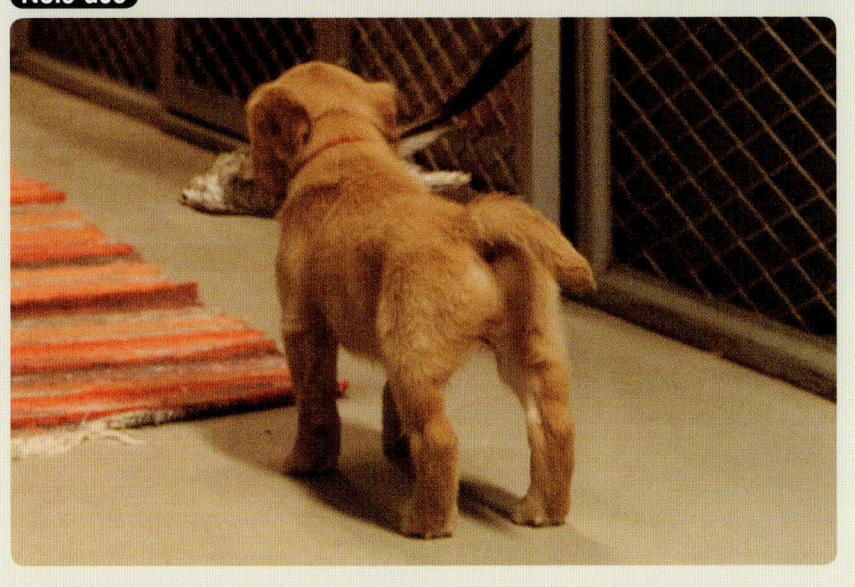

　このパピーは羽を咥えたものの、どうしたらいいか分からず立ち尽くした！

【3. 人なつこさ】

「あ、そうか、もしかして人のところに持って行けばいいのかも！」というか、ゴールデンは人と一緒にいる方を好むから、おそらく人の方へ行こうとしていると考えるといい。このように回収をする犬は、人と一緒にいたい、人とコンタクトを取るのが好き、という気持ちが、物品を戻そうとする原動力となる。それがないと、咥えたものの飼い主とは反対側に走って行って、自分だけで楽しもうとするだろう。そこまで独立的では、ゴールデンという狩猟犬としては困るのだ。

No.3-d09

あ、そうか、持って行けばいいのかも！

No.3-d10

人の足元までやってきた！

Chapter 4

パピーレッスン
Puppy lessons

子犬とその飼い主にトレーナーが伝えるべきこととは？
そして、飼い主がパピーコースで学ぶべきこととは？

4-1 パピークラスの運営について
(そして飼い主としてどうパピークラスで振る舞うべきか)

こでは、私のクリニックでよく行っているパピークラスについて記します。トレーナーとして、そして飼い主として読む方、どちらにも向けてこれを書いています。ただし、ここに示しているのはあくまでも私のクリニックのやり方であり、絶対ではありません。ただ、皆さんの考え方の参考になってくれれば、と願っています。

パピークラスには様々な犬と飼い主がやってきます。トレーナーとして最も大事なのは、クラスの様子をよく観察しておくこと。そして、犬よりもむしろ飼い主とのコミュニケーションが決め手となります。というのも、パピークラスに来る飼い主には、多くの犬の初心者がいるものです。彼らは、犬がどう行動にでるか、何が犬を動揺させるのかという犬の目線での考え方に全く慣れていません。クラスが平穏に進むよう、トレーナーは片時も注意を怠ってはいけません。

よくトレーナーの初心者がパピークラスを担当していますが、私の考えではむしろ反対。パピークラスこそ、ベテランのトレーナーが担当すべきでしょう。何といっても一番敏感なときが子犬時代です。そこを間違ったら、その行動あるいは性格形成に大きく跡を残すリスクはとても高いのです。同時に、この時期にポジティブに経験するということも、後の性格形成におおいに貢献します。いずれにせよ、何かと影響を与える大事な時期だからこそ、経験のあるトレーナーがパピークラスを担当するのが妥当というわけです。

経験の浅いトレーナーを付かせる場合は、絶対に経験のあるトレーナーと一緒にクラスに参加して、授業を進めるべきでしょう。

No.4-a01

北欧では子犬を飼ったら経験にかかわらず、パピークラスに参加するのは、ほとんど自動的だ。というのも、環境訓練や社会化訓練には、パピークラスが最高の機会を与えてくれるからだ。

小さな室内スペースで、パピークラスを開催するときのポイント

　日本では様々な事情から、小さなスペースで飼い主と犬を集めてパピー教室を行うこともあるでしょう。また、社会化訓練として、パピーパーティーのような集まりもあるかもしれません。

　子犬同士を会わせることは、社会化レッスンとして必要なことです。しかし、子犬が相手と交流することで嫌な思いをしてしまったら、後に犬とのおつきあいがまるでできない不安定な成犬にしてしまうでしょう。それでは本当の社会化レッスンを与えたとは言えません。

　たとえ、そのときは何も歯を見せたり怒ったような行動をしなくても、恐怖感や圧迫感はひっそり心に残り続けるものです。社会化訓練を将来活かすためには、その訓練の間、子犬たちは自信を持ってほかの犬に出会っている状態でなくてはなりません。大人の犬になったときに、ほかの犬を見ても嫌なフラッシュバックを見ないで済んでいるから、ワンワン吠えたり攻撃的な行動を取ることがないのです。

　小さな限られたスペースで行う場合は、決して犬に不安を与えないように、飼い主及びトレーナーは、犬の些細な動向にも普段より余計に目を光らせましょう。

社会化レッスンを限られた空間で行う場合、私の案は以下の通りです。

- すべての犬をフリーで遊ばせるのではなく、トレーナーが仲良くできそうな2頭を見極めてピックアップ。2頭ずつ会わせること。

- トレーナーは常に子犬のシグナルに気をつけていること。

　ほかの犬と会うことに苦痛を感じているボディランゲージを発見したら、その子犬をパピーパーティーの部屋から退場させること。パピーパーティーは、子犬がほかの犬といて遊ぶことで楽しさを感じればそれはいいし、遊ばなくても無視をしてそれでも気持ちを平穏に保っていればそれでもいい。要は、ほかの犬の存在に対して恐怖を持たなくてもいいということを学ぶ場。だからこそ、ストレスを極度に感じている犬をそのまま残していると、ほかの犬に会うということは「しんどいこと」と頭に刷り込まれて、将来ほかの犬を怖がる犬に育ててしまうのです。

- 室内という限られた場所では、逃げ場がなく犬にそれだけでも圧迫感を与えます。なので、飼い主が子犬をサポートしてあげること。「いい子だね！」と明るく声をかけて、この場所は別に怖がる必要がないことを、子犬の気持ちに植え付けます。

- できるなら、飼い主は床に座りましょう。ただし、これは子犬の性格と状況によりけり。飼い主からサポートをもらうと、ほかの子犬に横柄な態度にではじめる子犬もいるからです。

No.4-a02

コーギーの子犬とウェスティが楽しく遊ぶ。室内でレッスンを行う場合、犬の心理的圧迫感について考慮してほしい。十分な広さがないと、気の弱い犬は逃げ場がなく、苦痛に感じてしまうかもしれない。フリーで会わせるなら、トレーナーが「これぞ！」という2頭を選ぼう。

4-2 パピークラスの座学レッスン

　いきなり実践をはじめるよりも、まずは座学の機会を設けましょう。パピークラスに来る多くの飼い主は、初心者が多く、犬と暮らすための根本的な考え方をトレーナーが伝授する必要があります。同時に、飼い主とクラスルームでゆっくり話す機会があるので、飼い主と愛犬について、トレーナーは多くを知ることができます。よって、実践でも各々の飼い主に何が必要なのか、適切なアドバイスを与えることができるのです。

4-2-1 座学で飼い主に伝えたいこと

　私は子犬のトレーニングで、おすわりやお手を教えることはありません。「犬に信頼を得てもらうこと」「犬と飼い主が協調関係にあること」この2つを培うことが、私の子犬トレーニングのバックボーンです。まずトレーニングを行う前に、犬とはどんな存在でどう付き合っていくのが良いのかという座学を飼い主に行うのですが、そこで伝えたいことを下記にまとめました。

(1) しつけをするのはトレーナーではありません

　トレーナーは飼い主に、一つ注意点を与える必要があるでしょう。しつけ教室に来れば、トレーナーがしつけをしてくれると思っている方もいるようです。しかし、それは大きな間違いです。

　教室で先生は子犬をしつけてくれるわけではありません。しつけるのは、あなた自身です。先生は、子犬をしつけるための知識をあなたに授けているだけです。

　私はここで「しつけ」と十把一絡げに申していますが、この「しつけ」の中には「飼い主と犬の信頼・協調関係をつくりあげる」という大仕事が入っています。だからこそ、クラスの先生は子犬を「しつける」ことができません。というのも、協調関係と信頼関係は、あなたと犬との間にできあがるべきものであって、先生と犬との間ではありませんね。犬は先生の…ではなく、あなたの友人であり、家族の一員です。

(2) 子犬のボディランゲージを読めるようになってください

　信頼を得てもらうには、まず子犬のボディランゲージを読めること。犬が「居心地悪いなぁ」と感じていたら、その原因となるものを飼い主が取り去る、克服させる、あるいはその居心地の悪い状況を改善してあげること。

　ボディランゲージが読めず、子犬に無理強いをして犬からの信頼を失う飼い主は、決して少なくないでしょう。たとえば子犬によかれと思ったことをしていても、実は子犬は嫌がっていることもあります。そのシグナルを飼い主が読めていないとしたら？

　犬から信頼を失う第一歩を、飼い主は既に歩みはじめているというわけです。

No.4-a03

座学では、犬のボディランゲージを読む上で必要なポイントを教える。頭、首、体の位置、重心など。これらの情報は、多くの飼い主にとって新鮮な知識である。ゆっくりと消化させてあげたい。

（3）信頼は、環境訓練と社会化訓練で培います

子犬とあなたの信頼関係の強化は、環境訓練（人間社会に適応するレッスン）と社会化訓練（犬同士で上手に過ごせるようになるレッスン）で行うのがとても効果的だと思います。これらの訓練は、子犬教育のキーであると言ってもいいでしょう。

（4）子犬に自信を持たせましょう

シャイな犬というのは、いろいろなものに臆病であるがために、後に様々な問題行動を起こしがちです。そこで、シャイな部分はできるだけ、子犬の時期にとりのぞいて、自信を持たせてあげるのが良いのです。

たとえば人（家族の人を含め）やほかの犬に対してシャイな子犬も、様々な環境に慣れることで自信を得ます。克服することの楽しさや面白さが、自信につながるからです。家の中に閉じ込めているだけで、シャイな犬が突然自信を得ることはありません。家の中で食べ物を与えられ、抱っこされているだけで、どうして気持ちが堂々とすることがあるのでしょう。どうか、子犬を過保護にすることが子犬の幸せだなんて考えないでください。そして、犬の持つ豊かな感覚を、どうか１００％フル活用させてあげてください。

No.4-a04

犬はたくさんの能力を秘めている。しかし、環境からの刺激がなければ、脳は成長しない。才能を開花させるためにも、子犬時代に様々な環境を愛犬に用意してあげよう。

（5）人と暮らす環境に慣れさせましょう

「環境に慣れさせる」とは、つまりあなたと一緒に外の世界に出掛け、「この新しいものや音、ニオイは別に怖がる必要などないのだ！」と確信を強めてもらうことです。犬は社会性が強く、あなたと一緒にいることが自分の安心の根源だということを、十分意識できる動物です。

（6）精神的なバランスがとれた子に育てましょう

環境訓練の中で犬が心地悪いなぁと思っていたものも、あなたが側にいるという安心感や慣れによって次第に克服することができます。いきなり強い刺激にさらしてはトラウマを生んでしまうので、簡単なものからはじめるなど徐々に刺激を強めてゆきます。

これら環境訓練を通して、犬はあなたに信頼を感じるのみならず、自分にも自信をつけてゆきます。「なんだ、僕、できるじゃないか！」「やってみたら、ちっとも怖くなかったよ！」「この世では、いつもびくついている必要なんかないんだ！なんとかなるんだよ、いつか、きっと！」…という感覚です。

自信のある犬というのは、精神のバランスがとれているという意味でもあります。皆さんは、そんな犬が欲しいのですよね？　逆に、精神バランスがとれていない犬というのはどういう犬なのか、下にいくつか例をあげます。

- どうやって落ち着いたらいいのかわからない、いつもセカセカしている犬
- すぐに恐がり、最終的には牙をむく犬
- 傍若無人にふるまい、攻撃を使うことで自分の意を通す犬（協調心のない犬、あなたにまるで自信と信頼を感じていない犬です）

こんな犬と暮らすのは、飼い主にとってもちっとも楽しくありません。犬にとっても、どこに心のよりどころを見つけるべきかわからず、やはり同様に楽しくないと思うのです。だから、精神バランスのとれている犬がいいわけです。

（7）犬同士の言葉遣いやマナーを学ぶ機会を与えましょう

社会化訓練は、ほかの犬が発している言葉を習うこと。そして自分自身も相手犬に正しい言葉を発信できるようトレーニングすることを言います。

ちなみに、社会化訓練は、ほかの犬と仲良くする方法を習うだけのトレーニングではありません。別に仲良くしたくなければ、しなくてもいいのです。そのかわり、ケンカもする必要はない。ほかの犬と平和に過ごすための対処法を習うトレーニングです。遊び好きな犬は、やはり同じような遊び好きの犬と、平和な遊び方というものを習うでしょう。しかし遊び好きな犬は、同時に遊びたがらない犬のボディランゲージを理解して、その意志を尊重してあげるということも学ばなければいけません。

同時に、遊びたがらない犬は、どうしたらほかの犬を怒らせずに、あるいは自分でイライラしないで、相手への無視を決め込むことができるのかを学びます。

No.4-a05

ボーダー・コリーの子犬、エリオットが、生後9週目のナナを遊びに誘っている。適切な相手との出会いと遊びを重ねる度に、子犬はより正しき態度と言葉遣いを学んでゆく。

（8）犬同士でいても精神的に安定した子に育てましょう

犬は社会化訓練を通して、自信を得てゆきます。何といっても相手の言っていることがわかることで、むやみに怖がる必要はないのですから。そして、自分の意図が平和に伝わるというのも、安心感を与えます。

私たちの場合を考えてみると、理解しやすいでしょう。「相手にどう伝えたらいいかわからない、でも自分としては伝えたくてしょうがないのだけど…！」。見知らぬ国に行ったときに誰もが感じることではないでしょうか。でももし、そこの言葉と文化を知っていれば、ビクビクする必要はなく、あなたは堂々と振る舞っているはずです。この「堂々と…」という自信を、社会化訓練を通して犬に感じてほしいのです。

（9）犬同士でいるときも、飼い主がサポートすることを忘れずに

社会化訓練をしながら、犬は同時にあなたから心理的なサポートを受けることもあるでしょう。たとえば、いじめっ子な犬がいたら、あなたが間に割って入り、助け舟を出してあげる。こんな一つ一つの小さな援助が、さらなるあなたへの信頼感と自信につながります。もっとも、いじめっ子の犬の行動がエスカレートする前に、自分の犬がどれだけ怖がっているかを、ボディランゲージで読み取る必要があります。2頭同士で大ゲンカがはじまった後では、既に時遅し。あなたの犬は十分に傷ついてしまった後ですから。助け舟を出しても、犬にはあなたの勇ましい行いにそれほど感謝の気持ちがわかないでしょう。

No.4-a06

いつもどこかに飼い主がいてくれる、助けてくれる。そんな子犬からの依存心を育てよう。何か重大な事が起これば、必ずあなたのところに行って安全を得ようとするはずだ。

（10）犬社会と人間社会は、並行して学習させましょう

社会化訓練と環境訓練は、平行しながら行ってゆきます。本書では、社会化訓練の仕方、そのときの子犬のボディランゲージの読み方、そして環境訓練の仕方について述べています。

（11）誰にさわられても怖がらない子に育てましょう

環境訓練と社会化訓練に加えて、誰にさわられても怖がらない犬になれるよう、獣医さんでのエクササイズも子犬の頃から行ないましょう。

（12）子犬に家族のマナーを伝えましょう

子犬をまず家に迎えるにあたって、子犬が知るべきマナーがあります。食卓にあるものを勝手に食べてはいけない、よその人に飛びついてはいけないなど、マナーに何が必要なのかは、トレーナーや飼い主によって様々でしょう。本書で示したのは私が大事だと思うことであり、あくまでも参考にとどめておいてください。

また、環境訓練と社会化訓練とがだぶっていることもあります。なぜなら、これは環境訓練、これは社会化訓練とはっきり区別するのはむずかしいからです。すべてが、どこかでオーバーラップしています。

マナー訓練の項目は個人や犬のタイプ、住んでいる環境、飼い主のニーズ、犬のニーズによって様々です。しかし、環境訓練と社会化訓練に関しては、犬の種類や飼い主の経験、飼い主のニーズおよび、住んでいる環境にかかわらず、子犬をしっかり育て上げるために、絶対に行なわなければならない大事な項目です。それを、どうか心にしっかりと留めておいてください。

4-2-2 座学での飼い主と犬の様子を見てみよう

私のパピークラスは、だいたい5カ月〜6カ月ぐらいまでの犬がやってきます。
そして子犬間の年齢差は、3〜4カ月までにしています。
座学にもパピーと一緒に参加してもらい、座学が終わると実践に映ります。
ここでは、その座学の間に巻き起こる飼い主と子犬たちのドラマを見てみましょう。
飼い主として読んでいる皆さんは、ここで自分の子犬のどんな立ち振る舞いに気をつけるべきなのか、
相手の飼い主と子犬に対してどのように振る舞うべきなのか、
先生の指導を通して、犬の読み方を学習してください。

パピークラスに参加した犬たち

- バーティル（生後5カ月）
- デビー（生後4カ月） 
- ダンテ（生後4カ月） 
- バルダー（生後4カ月） 
- ナナ（生後2カ月） 
- チェシー（生後4カ月） 
- ハッピー（生後6カ月） 
- ロニー（生後2カ月）

私は予めクラスがはじまる前に、飼い主に以下7つの守ってほしいルールを告げている。

1. 子犬同士をあいさつさせるときは、リードをつけたまま行わないように。
2. 鼻と鼻のあいさつだけだとしても、リードをつけたまま行ってはダメ。
3. 犬同士の距離をできるだけ開けること。
4. 教室に座って授業を受けている間、犬同士の視線が合うことを極力さけるように、犬の視線の位置を常に監視していること。
5. 講師の顔をじっと見ている必要はない。遠慮なく、自分の犬に気を集中させよう。
6. クラスルームの中で、勝手にリードを放して子犬同士を遊ばせない。どの子犬がどの子犬と遊べばお互いに楽しいときを過ごせるかは、トレーナーが責任を持って決めること。
7. あなたの愛犬の行動は、あなたの責任！ 責任を持った飼い主として振る舞うこと。

以上のルールは、初心者飼い主には、実際に問題に直面するまで、なかなか理解してもらえない。それを承知で、トレーナーや開催者は忍耐強く諦めずに、参加者に規則を守らせよう。

話をしている人に注意を向けるのが礼儀だと教えられている私たちは、トレーナーの話に聞き入るため、講義中はうっかり子犬の動向を見逃しがちである。なので、トレーナーは予め「私の話を聞くよりも、犬に集中しても一向に構いません。私に対して失礼だなんて思わないように！」と 伝えておこう。すると、飼い主も安心して、子犬に注意を向けられるようになる。なんといっても、パピークラスに来ること自体が子犬にとっての一つの環境訓練でもある。同時に飼い主は常に犬の行動の仕方を見ながら、自分の犬について学ぶことができる機会でもある。

No.4-a07

ノルドジーランド動物行動クリニックにおけるパピークラスの室内での講義の様子。

No.4-a08

飼い主を引っ張る姿からわかることは？

まずやって来たのは、既に飼い主のお父さん、カールさんを引っ張っているバーティル。5カ月。バーニーズ・マウンテンドッグとブロホルマー（デンマーク原産のマスティフ犬種）のミックス犬。パピークラスには既にこんなに成長している子もいるので、社会化訓練を行うときは、私は小型犬、中型犬、大型犬の3つのグループにわける。そしてバーティルはまぎれもなく大型犬組！

パピークラスのグループ分け

グループに分けて社会化訓練を行うのは、バーティルのような既に成犬の大きさの犬は、小型犬の子犬と遊んでいるときに、ケガをさせてしまうこともあるからだ。大型犬の大きな足は、小型犬を容易に地面に倒してしまう。ちょっと乱暴に遊べば、小型犬の脚を折ることぐらい大型犬にとってはなんでもないことだろう。子犬をノーリードにするときは、子犬の大きさでグループを統一する。

大きい犬と小さい犬を一緒にしないこと！

パピーレッスン　Puppy lessons

パピークラスの座学レッスン

No.4-a09

バーティル（5カ月）

バーティルとカールさんは、今まで訓練を怠っていて、これが子犬教室としてほとんど初めてだという。かなり遅いパピークラスであり、バーティルがほとんど環境訓練を受けていないのは彼が教室に入ってきたとたん理解した。5カ月にもなれば、一旦座らせて落ち着かせてから教室に入れるものだ。しかし、バーティルの「行きたい、行きたい！」という欲求をそのままのんで、カールさんはバーティルに引っ張られるがままになっていた。

バーティルの行動と表情に攻撃性のような「怪しい」雲行きは見られないが、この通りの大きさであり、筋肉の持ち主。好き放題に振る舞い、飼い主を困らす問題犬になるのは、時間の問題のように思えた。今、カールさんが何とかしなければ！

大型犬の環境訓練について

このような大きな犬は、力が強いだけに環境訓練を早期に（まだ力が強くないうちに）、徹底させる必要がある。新しい環境に出る度に、上手に振る舞えば励まし、そして世の中のいろいろな事に馴らしてゆく。

とはいっても、教室のような環境というのはそうそう出くわすことはない。しかし、犬を飼っている限り、将来、新たに何かドッグスクールでコースを取るかもしれないし、何かのイベントで部屋に入り、ほかの犬たちと空間をシェアしなければならないこともある。だからこそ、パピークラスに早期にやってくるのは、それだけでも子犬にとっては立派な環境訓練となる。

No.4-a10

「だめだよ、ひっぱっちゃ！」とカールさんはバーティルを戒めた。しかし、こんな体験が初めてのバーティルにはカールさんの言っている意味が全くわからない。この困惑したような表情。

誤った行動を矯正するのが、子犬のしつけのすべてではない。カールさんとバーティルの間に見られるような、飼い主と犬との衝突をいかに前もって避けてゆくべきか、それを学ぶ場がパピークラスともいえるだろう。そして、前述したように、この衝突を避けるには、カールさんとバーティルがもっと早くからパピークラスに出て環境訓練をしていればよかったのである。

No.4-a11

ダンテ（4カ月）　デビー（4カ月）

自信があるように見えるワケとは？

　左の犬はシェルティのオス、ダンテ（4カ月）。右のマールのシェルティは、同胎の兄妹デビー（メス）。実はこのダンテ、とても弱気な犬なのだが、飼い主のヴィヴィさん（写真右の女性）とデビーがいるおかげで、彼はここではとても自信満々に見えるではないか。どれだけ犬が飼い主のサポートによって心理的に強くなれるかも、ここで理解ができるだろう。

　彼らは小型なので、机に座ってもらっても一向に構わない。ここは教室だ。だから、大事なのは、飼い主が常に犬に注意を向けていられるかである。もしこれがスクールの喫茶室であれば、机に犬を置くことを私は禁じていただろう。犬は、状況によって（飼い主の意志を）理解できる。ソファやベッドに上がってもいい、いけないもちゃんと訓練することはできるのだ。

　ところでパピー教室に机があるのは、この教室で、私はすべての座学を行っているからだ。なので、便宜上そのまま机が残っている。トレーナーによっては、教室に全く机を置かない人もいるし、これはそれぞれのドッグスクールで異なることでもある。

飼い主が横にいる安心感

　シェルティだから机の上に乗せることができるのだが、もしバーティルのような大型犬の場合、そして飼い主が犬を安心させ、かつ注意を向けている必要がある場合は、飼い主を床に犬と隣同士で座らせる。

　参加している子犬がもっと若い場合、飼い主は最初のパピークラスでは犬と一緒に座っているものだが、一旦子犬がクラスに慣れると、それ以降は一緒に座らなくても済むようになる。というのも、子犬は「この場所は、恐ろしい場所ではなかったんだ！」ということを、もっとリラックスした状態で学習することができる（飼い主が横についてくれるから）。

　環境訓練というのは、ただ犬をいろいろな環境に連れ回すのがすべてではない。こうして飼い主と一緒にいるとことで、「ママ（パパ）を信頼していれば事は収まる」と犬が学ぶことでもあるのだ。

No.4-a12

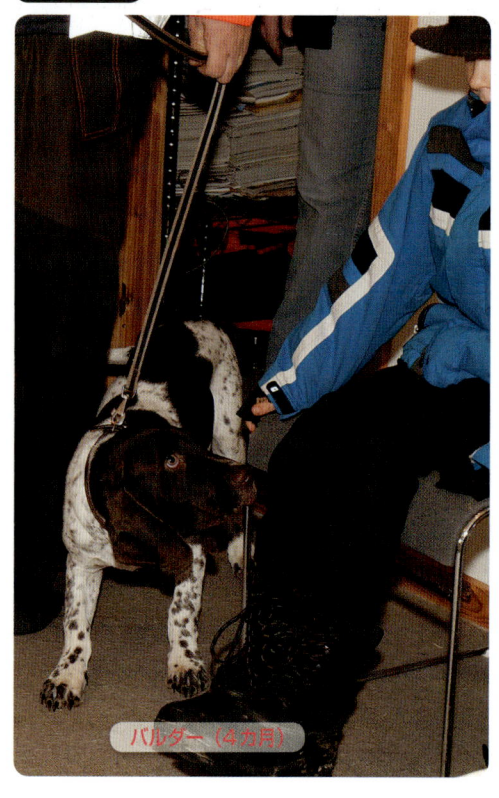

バルダー（4カ月）

少年への子犬の態度は？

　元気な子犬、バルダーが、飼い主のイェスさんに連れられ教室に入ってきた。4カ月のオス。彼は、ここでいかにも子犬らしい行動を見せてくれた。

　ドアのところの子供を見て、あいさつをしようとしている（つまりニオイを嗅ごうとしている）。頭を低くして上目づかいになっているのは、自分を小さく見せようと、犬のていねい語を使っているから。あいさつ行動のときに、やたらとていねい語を使うのが、子犬らしさというものだ。

パピーレッスン　Puppy lessons

パピークラスの座学レッスン

No.4-a13

なぜ子供がキャップを下に降ろして、顔を隠そうとしているのかわからないが（もしかしてカメラに撮られるのが嫌だったのかもしれない）、バルダーにとってはよい環境訓練になったと思う。顔の表情を見ることができない（サングラスや帽子のため）といった不思議なことは、バルダーが生きている限り、そこここで起こる。そしてそのほとんどは、父ちゃんが一緒にいれば全く危ないことではないと、バルダーはこれら環境訓練を通して学ぶのである。

バルダーは「僕、謙虚でしょ。でも君のニオイを嗅ぎたいよ～」と、子犬らしさと好奇心丸出しの感情で子供にアプローチしているところだ。バルダーの言葉遣いはとてもよろしい！

No.4-a14

チェシー（4カ月）　ダンテ（4カ月）　デビー（4カ月）

ダンテの行動に注目！

さて皆が集まり、授業がはじまった。特に授業のはじまりにおいては、ざわついたりして、まだ皆が慣れず、様々な事が起こる（しかし時間が立つにつれ、徐々に落ち着いてゆく）。だから、トレーナーはクラスで何が起こっているのか、飼い主及び子犬の行動と状態によく目を光らせておくこと。

たとえば、この写真。ダンテが、サモエドのメス、チェシーをじっと見つめはじめた。この視線は、犬の世界の言葉遣いとしては、全く礼儀正しくない！　見つめているうちに、ダンテ自身がだんだん高揚してくる。その気持ちをこの場ではどう処理することもできず、様々なストレス行動を見せはじめる。チェシーもダンテの視線に呼応して、何か行動を起こそうと、もはや大人しくしていられなくなる。

ほかの犬を見つめはじめたときの対処法

ほかの犬をじっと見つめたからといって、飼い主はダンテを叱る必要は全くない！　その代わり、飼い主はダンテの視線を手のひらで遮断すればいいのだ。これを、トレーナーは飼い主に告げてあげること。このような知識は、初心者の飼い主には全くないものだ。「そんなことも知らないの？！」という態度には、絶対にでてはいけない。知らないから、あなたの授業を取っているのではないか。それに、特にダンテの飼い主のように犬を前で保持していると、犬がどこを見ているか分からないときもある。だから、犬の視線がどこにあるかをトレーナーが指摘してあげるのは、親切さでもある。

そんなことを通して飼い主は、ほかの犬がいる狭い部屋の中でどのように犬を扱うべきなのか、どう観察するべきなのかを学ぶことができるのだ。同時に、犬もクラスルームでどのようにリラックスすべきか、ほかの犬が側にいるときにどのように振る舞うべきなのかを徐々に学習できる。

No.4-a15

この子犬の感情を読んでみよう！

ナナはセントバーナードのミックス犬、9週目のメスの子犬。彼女は非常にリラックスしているようだ。飼い主がそっと体に手を置いて保持してあげているのもよい。犬を必要以上にきつく抱かないこと。飼い主がリラックスしているから、子犬も余裕を持って周りの状況をじっくりと観察する時間が与えられる。この「ゆっくりと経験させる」というのは、子犬に限らず犬にとってはとても大事だ。彼らはそうして、まわりの事情を飲み込もうとしている。そして最終的には「何も危険はなさそうだ。それにママが側にいるし！」と感じてくれればいいのである。私たちと犬が一緒に暮らす限り、その結論にたいてい間違いはないはずだ。

ナナ（2カ月）

No.4-a16

ハッピー（6カ月）　コニーさん

どうして1頭だけ部屋の真ん中にいるのか？

　クラスルームの真ん中にいるのは、ホワイト・シェパードのハッピー。6カ月のメス犬だ。飼い主はコニーさん。6カ月の犬は、パピークラスにやってくることは通常ないのだが（もはや若犬のクラスである）、今回は撮影のために参加してくれた。ちなみにハッピーは、セラピードッグとなるべき教育中だ。

　ハッピーとコニーさんが真ん中に座っているのは、大きなハッピーのための場所が机にないからだ。教室で犬同士が適度に距離を開けるのは、大事な考察事項。こんなことも、飼い主にトレーナーは説明するべきである。犬同士が密に一部屋に閉じ込められていると、ある犬のムードが簡単にほかの犬に伝わってしまい、テンションが上がりやすくなる。特に犬にとって、新しい環境であればなおさらだ。

　空間の管理は、部屋の中で社会化訓練をする場合にも大事である。いざというときのために、子犬が隠れることができるスペース（イスの下など）を設けるべきだ。この後フィールドで社会化訓練をしたのだが、そのときもイスを持っていってパピーの隠れ場所を設けた。

パピーレッスン　Puppy lessons

Chapter 4

パピークラスの座学レッスン

No.4-a17

ダンテ（4カ月）　デビー（4カ月）

No.4-a18

チェシー（4カ月）

見つめられている側の犬には、何をしたらいいのか？

　コニーさんが2頭のシェルティの飼い主と話していると（写真No. 4-a16）、シェルティたちはコニーさんとハッピーの存在に気がつき、ハッピーの方に視線を向けた。するとすかさずコニーさんは、ハッピーの方へ向き直り、シェルティから顔を背け視線を合わさないようにするハッピーを褒めた。これが飼い主のあるべき姿だ。向こうがかかわりたがっても、自分の愛犬には相手を無視する態度を培ってあげる。

チェシーの視線に注目！

　授業を聞きながら、コニーさんはハッピーに常に注意を向けている。そして、ハッピーが余計なことに（周りの犬など！）気を散らさないよう、いい子にしていたら、トリーツを与えている。とてもいい飼い主だ。
　そして、後ろに見えるのはチェシー。チェシーは何やら、真向かいにいるバルダーに気を取られているようだ。飼い主は絶えず下を見て、チェシーが何をやっているか気がつかなければならない。バルダーと視線が合ってチェシーの気持ちが盛り上がる前に、チェシーの行動を阻止することだ。一旦気持ちにエンジンがかかると、相手の犬のところに行こうとしたり、ジャンプをしたり、吠えたり。この1頭の行いが、全体の静けさをぶちこわしてしまう。すると子犬全員が動揺して、クラスのざわつきとストレスを作ってしまう。
　パピークラスというのは、このように公共の場に出れば、常に犬の行動に目をとめておくことを日常の癖にするよう、飼い主をトレーニングする場でもあるのだ。飼い主は、子犬の言葉を読んで、反応すること！

犬の言葉に、飼い主が"すばやく反応する"こと

　犬の見せる微妙な行動にいち早く"反応する"ということ自体も、トレーナーは飼い主に教えてあげるべきだ。このコンセプトは、やはり犬を飼ったことがない人にはほとんどない。
　「犬の言葉はカーミングシグナルです」、「犬は平和を望むシグナルを出しています」と信じている人がいるが、犬の言葉はそれだけではないということを、どうか飼い主に伝えてほしい。こうして、チェシーがほかの犬の視線を探しはじめているのも、「犬の言葉」である。
　授業を聞きながら、同時に犬に注意を向けるのは、確かにむずかしい。ならば、子犬をケージや車に入れて授業に集中すればいいではないかと、考えるかもしれない。そうではないのだ。私は飼い主に日常を経験してもらいたいのである。つまり、普段でも、友人と立ち話をしながら、なおかつお互いが横に犬を連れているという状況は、いくらでも出てくるだろう。そのときも、飼い主として絶対に犬から気持ちを逸らしてはならないのだ。話に夢中になって、犬同士がその間にテンションを高めていたりする。そして飼い主にとっては「突然」ケンカがはじまることもある。しかし、それは突然ではなく、既に犬の気持ちの中で沸々とできあがっていたものだ。単に飼い主が犬を監視しないがために、見過ごしていたのにすぎない。ボディランゲージを常に気にしていれば、ケンカは予防できていたはずである。

No.4-a19

チェシー（4カ月）

ハッピー（6カ月）

リードで引っ張らなくてはいけなくなる前に！

　チェシーの飼い主が気づいたときには、すでに遅かった！　チェシーは、向こうに行こうとしている。それに飼い主が気づいて、止めているところだ。前の写真で気がついていたら、こんな風に子犬を引っ張ることもなかっただろうに。犬は、自分が既にはじめてしまった行動を矯正されても、よく理解しないのだ。行動をしよう！と思った瞬間に止めないとだめである。こうして「矯正する訓練」は避けられるものなのだと、初心者の飼い主に教えるのも大事だ。多くの飼い主は「矯正しなかったら、じゃぁいったいどうやって正しい行為を教えるの？」とよく質問する。

No.4-a20

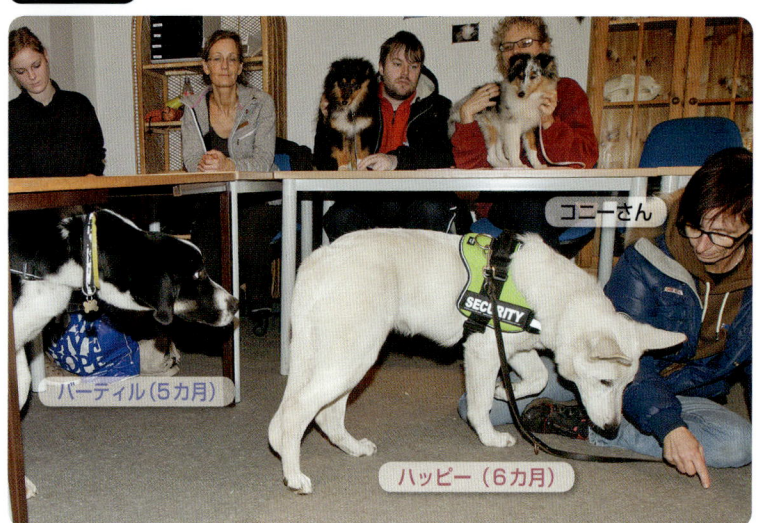

コニーさん

バーティル（5カ月）

ハッピー（6カ月）

コニーさんは何をしているのだろう？

　もし相手犬の飼い主が気づかないのなら、せめて自分の犬が反応しないように、なんとか手を打つべきだ。コニーさんが模範的な飼い主の行動を示している。後ろから、バーティルがハッピーのニオイを嗅ぎにやって来た。バーティルのこの行為は、ほかの飼い主や子犬にとって非常に迷惑なものだ。もっと早く飼い主は気がつくべきであった。そこでコニーさんはトリーツを使って、ハッピーの気持ちが後ろのバーティルにいかないよう注意を逸らした。もしここで2頭が目を合わせてコンタクトを取ってしまうと、両者が一気に熱してしまい（特にバーティルだろう）、騒動がおこる。コニーさんもハッピーを矯正しなければならない羽目になる。

　再度、コニーさんも「矯正しないで済む訓練方法がある」というのを示すことができる。

No.4-a21

バーティル（5カ月）

ロニー（2カ月）

ここでも！犬同士の視線が合う

　バーティルの飼い主カールさんは、しばらくバーティルを上手に監視していた。だが、ちょっとの隙を狙って、バーティルは早速、隣に座っている小さなシェルティ、ロニーと視線を合わせようとしている。

パピーレッスン Puppy lessons

No.4-a22

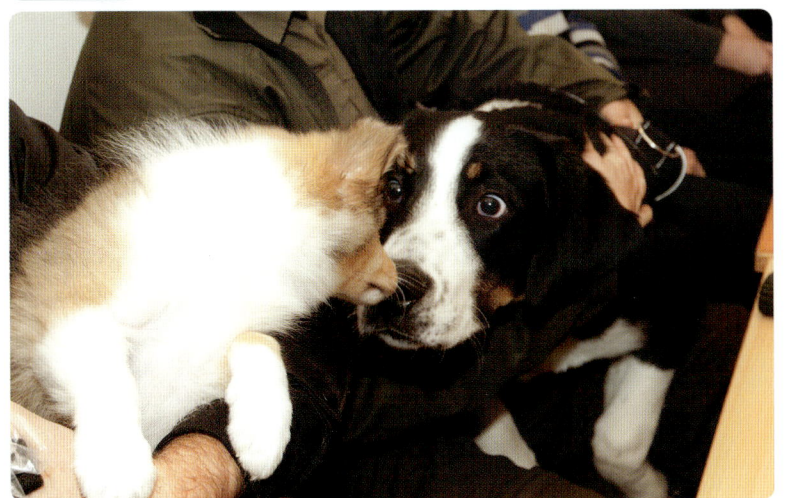

この鼻コンタクトは良い前兆？ 悪い前兆？

　コニーさんが行ったように、せめてロニーの飼い主が、ロニーの位置を変えてバーティルに背中を見せれば良かったのだ。そうすれば、バーティルとの鼻コンタクトは防げていたはずだ。このときは何も起こらないで済んだ。しかし、鼻同士のコンタクトをした1秒後、犬同士がいきなり「ガウガウガウ！」といきり立ててしまうこともあるのだ。

No.4-a23

ここで飼い主がしなくてはいけないこととは？

　これも犬の初心者の典型的ミステイク！　カールさんは、バーティルがシェルティのロニーをくんくん嗅ぐことに全く異存はないどころか、かわいい！という風にこの情景を眺めている。しかし、ロニーを見てほしい。彼はこの状況をちっとも楽しいだなんて思っていない。「居心地悪いよう〜」と腕から離れようとしているではないか。トミーさんはロニーの飼い主として、そして保護者として、この状況をなんとか食い止めなければならなかったのだ。特にこんな風に空間が限られているところで、この事態はひどい事故につながりかねない。となると、ロニーにとっては、後にクラスに来ることや、ほかの犬に会うことがトラウマになってしまう。そして犬に会うたびに、ギャンギャン吠える犬になってしまうのだ。というわけで、もし何かが起これば、一番被害を受けるのはこの小さなロニーだろう。

　ただし、ロニーの見せる反応に気がつかないのは、初心者の飼い主によく見られることだ。子犬だからと思って、腕で大人しくさせるものだと考えているからに違いない。

No.4-a24

相手の子犬にお尻を向けさせる

　そこで私はトミーさんに「バーティルにおしりを向けるよう、ロニーを座らせなさい」と指示をした。これで一件落着。私が予めクラスがはじまる前に飼い主に告げた7つの事項は、実際にこうして失敗を犯してみないと、皆、私の言っていることはよく分からないようだ。それをトレーナーもよく肝に銘じておくこと。「さっき、言ったでしょう！」なんて、飼い主をやたらに責めないよう。そしてトレーナー自身も、最後のとんでもない結末になる前に、犬のボディランゲージを読んで、飼い主に適切な指示を与えること。

　ロニーの飼い主であるトミーさんも、カールさん（バーティルの飼い主）も、共に犬の初心者である。この二人は見事に初心者がよく犯す間違いを撮影時に見せてくれた！

　二人の名誉のために述べておくが、彼らはあとで多くを学んだ。初心者に失敗はつきものである。

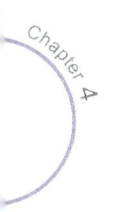

No.4-a25

No.4-a26 ヴィベケさん / ナナ（2カ月）

子犬が飼い主以外の人と目を合わせたら？

　セントバーナード・ミックスの子犬、ナナは授業がはじまり、しばらくすると、周囲の環境に慣れはじめた。机の上ですっかりリラックスをしている。写真No.4-a25で彼女が白目を見せているのは、カメラマンが来たからだ。しかし、彼女はそれでもゆったり構えている。

　ナナは隣のヴィベケさん（そう私と同じ名前だ）を見た（写真No.4-a26）。このときに、ヴィベケさんは何も言わずに、そして反応もせず、ぼんやりとナナを見ている。この態度は、とてもよし！　せっかく子犬が落ち着きはじめたのだ。ここで、「かわい〜ね、いい子にしてるのね〜」などと話しかけたり、アイ・コンタクトを取ったりしてしまうと、子犬は待ってましたとばかり気持ちに高揚が表れ、尾を振って近づこうとするなど、また忙しなくなってしまう。すると、飼い主は落ち着かせるために、また犬を矯正しなくてはならなくなる。これは、犬にとって、非常に不公平なことだ。落ち着いているところを乱したのは、人間ではないか。

　というわけで、クラスの中にいる人たちは、自分の犬に対してだけではなく、ほかの子犬たちに対しても、きちんと思慮を持った行動をすること！

No.4-a27　なんだかとても面白そう！参加してみたいなぁ〜　バルダー（4カ月）

No.4-a28　イェスさん / ハイディさん

　バルダーがハッピーの様子をとても興味津々の表情で見ている。「へぇ〜、君、なんだかとても面白そうなことをしているねぇ！僕も参加してみたいなぁ〜」。

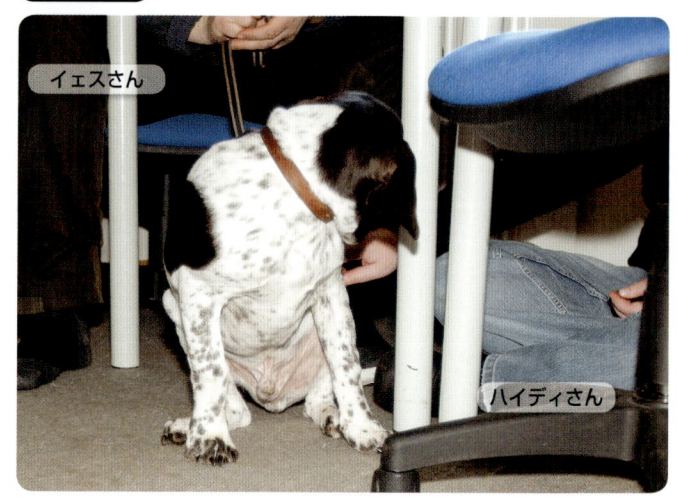

　すかさず、バルダーの「興味津々」ボディランゲージに気がついたハイディさん。「こら、ほかの犬にアイ・コンタクトを求めちゃだめよ！」と注意をした。体をちょんと突いて、注意を逸らすだけで大丈夫。ハイディさんは、とてもうまくやった！

　ハイディさんは夫のイェスさんにイスにつかせ、自分はバルダーの行動をより監視できるよう、床に座っているのだ。犬が大きい場合、このように床に座って授業を聞いても全く構わない。イスに座ったままだと、犬の行動を監視することはとてもむずかしいからだ。

パピーレッスン　Puppy lessons

パピークラスの座学レッスン

No.4-a29

チェシー（4カ月）
ダンテ（4カ月）

　サモエドのチェシーが、うとうとしはじめている。リラックスしている証拠だ。しかし、注意を向けられていないことをいいことに、シェルティのダンテが、チェシーを見つめはじめている。残念なことに飼い主は眠そうで、あまりダンテのしていることに注意を払っていない。

No.4-a30

犬同士が勝手に近づきはじめた

　おやおや、ダンテの飼い主は眠ってしまった！ そしてダンテが顔を突き出して、チェシーにコンタクトを取ろうとしている。そしてチェシーもダンテに気がついた！　飼い主がうっかり散漫していると、この通りだ！

No.4-a31

あなたとはかかわりたくないから、放っておいてね

　しかしこのときは、チェシーがちゃんと状況解決をした。自分で顔を背けて、カーミング・シグナルを出した。「あなたにかかわりたくありませんよ、静かに放っておいてね」という意味だ。

No.4-a32

「何を
しているんだろう！」

チェシー（4カ月）

ロニー（2カ月）

サモエドのチェシーがもぞもぞしはじめると、早速シェルティのロニーが「何をしているんだろう！」と、トミーさんの前からはい出して立ち上がり、様子を見はじめた。ほかの子犬の動向は、すぐに影響を与える。

No.4-a33

おや？
どうしたの？

バーティル（5カ月）

3頭の落ち着かない行動の意味は？

　今回は、トミーさんはすぐにロニーの動きに気がついて、自分のところに引き戻した。チェシーの視線を見てほしい。どうやらハッピーに興味があるようだ。そしてチェシーの動きに気がついて、下に座っているバーティルも「おや？」という風に上の状況をうかがっている。こうして、1頭の犬の行動がクラス全体のざわつきを作り上げる。

　公共の場に来ても、犬が落ち着いていられるようになる訓練のための、パピークラスでもある。ここで、いつもざわつきを経験させていると、決して犬は"落ち着く"ということを学習できない。だからこそ、クラスルームにおけるトレーナーの監視力とボディランゲージ読解力はとても大事なのである。

パピーレッスン　Puppy lessons

パピークラスの座学レッスン

No.4-a34

チェシーの表情から、気づかなくてないけないこととは？

　チェシーが、ハッピーをただぼんやり見ているだけではなく、集中しはじめた。つまり感情が高揚しつつあるところ。これは、クラスルームにて絶対にNG！（ドッグカフェでも同様だ）。次に予想される行動は、チェシーがハッピーのところに行こうとすることだろう。
　犬がほかの犬を見るのは一向に構わない。しかし、集中しはじめる目つきというものに、気がつかなければならない。

ハッピー（6カ月）

No.4-a35

だめよ！

え？

　「だめよ！」と、飼い主が止めた。「え？」とばかり我に返るチェシー。

No.4-a36

　また大人しくなったチェシー。すると、机下のバーティルも落ち着きを取り戻した。こうしてクラス全体を、徐々に落ち着かせてゆく。
　状況に応じて、飼い主は適切な行動を取ること。あるいは、犬をサポートしてあげること（写真No. 4-a33のトミーさんの行動はロニーに対するサポートだ）。その際に、高い声を出して犬の行動を止める必要もないし、また褒め声ですら静かに出すことだ。さもないと、犬は落ち着くことができない。

4-3 コンタクト・トレーニング

　一通りのセオリーコースが終わると、次のミーティングでは外にでて「関係作り」のエクササイズをはじめます。ここで、子犬がすべてを学べるわけでは決してありません。私は、飼い主が今後、子犬と関係作りをする上でのツールを与えているだけです。家に帰って、様々な状況でそのツールを使って、関係作りは行われます。これは子犬のときだけではなく、犬の生涯を通してずっと行われるものと言ってもいいでしょう。

4-3-1 飼い主とのコンタクト・トレーニング

　先ほど座学に参加したメンバーに、ジャーマン・シェパードのロイ（5カ月）が加わり、フィールドへ出て飼い主とのコンタクト・トレーニングを行いました。このコンタクト・トレーニングを通して、飼い主は自分のことをわかってくれて、守ってくれる、信頼できる人間なのだと子犬に理解してもらうことが目的です。このレッスンには、大人の犬（2才のフレンチ・ブルドッグ、ミンカ）とその飼い主を、ゲストとして呼んでいます。

ロイ（5カ月）　　ミンカ（2歳）

No.4-b01

チェシー（4カ月）
アンドリアさん

チェシーの状態を見てみよう

　チェシーと飼い主のアンドリアさんは、とてもいいコンタクトを取っている。アンドリアさんは、チェシーに、非常に穏やかな表情で話しかけている。そして犬の目線になるよう、地面に座っている。
　もし犬が小さすぎて、そして飼い主が背中や膝に痛みを持っていて、しゃがめない場合は、テーブルを持ってきて、その上に犬を置いて、コンタクト訓練を行うことがある。そうして、犬と人間との目線のレベルをできるだけ同じにする。テーブルに犬を立たせるときは、すべらないようにふかふかとした敷物を置くこと。

No.4-b02

犬が自発的にアイ・コンタクトを取れば、トリーツを与えたり、やさしく褒めて、コンタクト行動を強化する。

パピーレッスン　Puppy lessons

コンタクト・トレーニング

No.4-b03

馴染みのニオイも、心のよりどころ

　バルダーと飼い主のイェスさん。イェスさんは、バルダーが濡れた芝生にあまり座りたがらないので、タオルを持参。自宅のものを持ってくると、犬は家のニオイがしみ込んでいるものに馴染みを感じて安心する。様々な環境でオスワリなどの訓練をするときに、このように犬が慣れ親しんだニオイのタオルや敷物を持ってくると、トレーニングがスムーズに進む。

イェスさん
バルダー（4カ月）

No.4-b04

初めてのパピーレッスン！
いまのバーティルに必要なこととは？

　バーティルは5カ月だ。その間、パピー教室に参加したことがない。だから、メンタル・キャパシティが十分培われておらず、とても集中する余裕などない。あたりをキョロキョロ。社会化・環境訓練を受けていない（そしてそのままここまで成長してしまった）犬に、よくある行動だ。
　この状態で、バーティルにすぐにコンタクト・トレーニングを課すのは酷である。バーティルはまず周りの状況を自分でこうして確かめる必要があるだろう。
　ほかの子犬たちが周りにいたり、知らない人がいる、それも行ったこともない場所において、というのは、それだけでもとても大きな経験だ。そしてこれこそが、バーティルにとっての環境訓練。トレーナーは、飼い主をせかさないことだ。コンタクト訓練の前に、まずは子犬に辺りを"経験する"時間をたっぷりと与えること。この行為だけでも、今のバーティルは彼のすべてのメンタル・キャパシティを使っているはずだ。訓練を急ぎ過ぎると、容量オーバーになり、これから培われるはずのバーティルとカールさんの関係を壊してしまうリスクがある。
　以上のように、トレーナーは、各々の犬について、その行動を読みながら、「この犬には何が必要なのか」をきちんと判断する必要がある。バーティルの場合、他の子犬たちとは少し遅れを取っているので、コンタクト訓練を行うまで、もう2、3回余分に、環境訓練としてトレーニング場に来るように飼い主を促すべきだろう。
　バーティルのこの表情。彼は、股の下にいながら、周りの状況を見回すことをとても楽しんでいるように思える。彼を股から出して前に座らせたりする必要はない。というのも、バーティルにとってカールさんの股にいる方が安心するからだ。バーティルに限らず、多くの若犬は飼い主の脚の間を「安心の場所」として見いだす。

バーティル（5カ月）

No.4-b05

この状況の間違いとは？

犬の初心者が犯す典型的な間違い。犬が正しいことをしたら、トリーツを与える、というのを習ったのはいいが…。しかし、なかなかトリーツを取り出せずに、手でガチャガチャとトリーツを探っているうちに、犬はしびれを切らして膝に上がってトリーツをもらおうとする。しかし、トリーツはビニールからなかなか取り出せない。犬に取られないよう、トリーツ袋を高く掲げている。これでは何のためにトリーツを犬に与えるのか、まるで犬に理解できなくなっている。それよりも、トリーツを予めいくつか手に用意すべきである。

散歩を想定したコンタクト・トレーニング

**ほかの犬との出会いで、飼い主は上手にサポートしてあげられるか
そして、子犬は、上手にその場をやり過ごせるか**

　次は、犬とのミーティング・トレーニング。ほかの犬が通りすぎても、いちいち反応しないで上手にやり過ごすという術を、飼い主とのコンタクトの中から学びます。そして、飼い主が学ぶのは、犬をサポートしてあげる術と、それを見せるタイミングです。通常、散歩をしているときにあり得るシナリオを、ここでのシミュレーションを通して、トレーニングするのが目的です。

　このトレーニングでは「通りすがりの犬」役を担う犬を用意します。通りすがり犬はどの犬もなれるわけではなく、その犬自身もほかの犬に出会える術を心得ている個体です。フレンドリーな犬でしかるべきですが、どの犬にもあいさつをしたがる犬という意味ではありません。あいさつしたいがためにリードを引っ張って、ほかの犬にジャンプしようとする犬では困るのです。それに子犬を驚かせてしまうでしょう。嫌な経験を小さい頃から積んでいると、将来「ほかの犬嫌い」な子にしてしまいます。

　通りすがりの犬が、お行儀良く通り過ぎてくれれば、何といっても時間が稼げます。子犬を連れた飼い主は、余裕を持って子犬を褒めたり、サポートしてあげることができるわけです。こうしてほかの犬と会うことに自信をつけてゆけば、心に余裕がでてきます。いざ街で「ワンワン」吠えかけられても、恐怖心に打ち勝つことができるのです。

　私が今回お願いしたのは、ミンカ。2歳のフレンチ・ブルドッグのメス。クラスに参加している子犬と飼い主たちは、トレーニング・フィールドにほぼ均等にそしてサークルを描いて広がっている状態です。そのサークルの円内を、飼い主に伴われ、ミンカは歩き、子犬たちの側を通り過ぎます。ミンカはあくまでも通り過ぎるだけ。子犬とあいさつをさせる必要はありません。

No.4-b06

「なによ、こっちへこないで！」

ナナ（2カ月）
ミンカ（2歳）

このときのナナの心境は？

　ミンカが最初に通り過ぎたのは、ナナの元。このゲームを行っている間は、各飼い主は犬とコンタクト・トレーニングを行う。ミンカの登場に、ナナは背中を丸め、「なに、この犬！こっちへこないで」という風。あまり嬉しくはなさそうだ。

パピーレッスン　Puppy lessons

コンタクト・トレーニング

No.4-b07

「あれ〜、なにも起きなかったな…」

「あれ〜、行っちゃった…」。そう、ほかの犬が向こうからやって来ても、決してあなたを襲いに来たわけじゃないのですよ！　これがナナの学ぶべきことである。「別に自分からワンワン吠えなくても、怖いことなど起こらない！
　隠れなくてもいい。黙って見過ごしていればいいんだね」。

No.4-b08

ミンカ（2歳）　バルダー（4カ月）

ミンカの姿勢に注目！

　次にミンカがやって来たのは、バルダーのところ。しかし、ミンカのシグナルが少々よろしくない。バルダーをまともに見つめ、体を低めている。耳が後ろに引かれている。ミンカがナナの所を通り過ぎた瞬間に見せたボディランゲージと比較してほしい。ナナは小さな犬だったが、こちらはかなり大きい。それで怯んだミンカだ。

No.4-b09

バルダーの様子を見てみよう

　ミンカのこのような反応は、バルダーの反応をも呼ぶ。バルダーは、この不思議な見かけをした犬のボディランゲージがよくわからず、かつ自分を見つめているので、座っていたポジションから立ち上がった。居心地が悪く舌を出している。
　この状態でバルダーの飼い主ができたことは、すぐに立ち上がり、バルダーを背にして、間をブロックしてもよかった。しかし、事はあっという間に起こってしまい、なかなか飼い主もすぐに反応できるものではない。

レッスンに呼ぶゲストの選択

　白状するが、実は「通りすがり役」の犬の「ハンドラー」の選択があまりよくなかった。ミンカ自身は、とても安定した性格で、何も問題を持たないのだが、ミンカのハンドラーは、あまり反応が早くない。先の写真の時点でミンカのボディランゲージを読んで「ほら！おいで」と元気よく彼女を促して、少しバルダーから距離を取って歩けばよかった。ところが、距離を取るどころか、ミンカと一緒にバルダーに近づいてしまっている！

　皆さん、どうかこれら例を反面教師として利用してほしい。通りすがりの役をする犬の飼い主についても、十分考慮して選ばなければならない。いざとなったときに対処の仕方を知っている人であること！

　こういうシーンは日常でもあるだろう。相手の犬と飼い主がこちらに向かってきてしまうのである。そして言うことが「うちの犬、何もしないですよ〜！」。たしかにそうなのかもしれないが、うちの子の反応を見てほしい！　動揺しているではないか！

　そして、相手に求めるだけでなく、自分たち自身も気をつけたい。むやみに他人の犬に向かって歩いてゆくものではない。相手がどんな犬かもわからないし、あるいは訓練中という犬もたくさんいる。これは飼い主としての礼儀だろう。

No.4-b10

　ミンカもバルダーがあんなに反応するとは思わなかったのか、そそくさとその場を離れた。バルダーはまるでよくわからないといった風だ。「へぇ、君、行ってしまうのかい」。

No.4-b11

タン・フリッキングの意図することは？

　この大きなジャーマン・シェパードはまだたったの5カ月！　オスのロイという犬。向こうにミンカがやってくるのを認め、タン・フリッキング（素早く舌を出し入れする）をしている。ナーバスになっている証拠だ。既に飼い主の手におえなくなりつつあるという印象を得た。たったの5カ月なのに、思春期の犬が見せるような行動を取りはじめている。

パピーレッスン　Puppy lessons

コンタクト・トレーニング

行動の原因を探ってみよう

　ロイは、ストレスレベルが高いと見た。飼い主とまるでコンタクトが取れていないのだ。5カ月の若さでこれだ。この先、どうなるのだろう。私は心配になって、一体どんな訓練を普段行っているのか聞いてみた。残念なことだが、ロイは既にシュッツフンドの訓練（警察犬訓練で行う防衛訓練のこと）を受けており、報酬はボールでの引っ張りっこだという。

　ボールの引っ張りっこ遊びというのは、とてもいい遊びであるが、犬によって、そして教え方によっては、かえって犬に多大なストレスを与えるだけ。百害あって一利無し。この子にはシュッツフンドの訓練は早すぎる。おそらく、シェパードのシュッツフンド・クラブの人は、これが正常だと言うのかもしれないが、ロイが見せている結果を見てほしい。狩猟欲を過度に刺激しすぎて、ロイの体にはストレス・ホルモンが体中を駆け巡っている。作業犬として狩猟欲はおおいにエンジンとして使うべきだが、間違った使い方をすると、犬をだめにするだけである。

　ロイの飼い主自身も、ロイに飲み込まれている。ロイの性格と飼い主の性格を考えると、シュッツフンド訓練をするのはふさわしくない。

　私は飼い主に、オビディエンスも防衛訓練も今の時点では止める方がいいとアドバイスした。ストレスレベルを落とすために、脳を使わせるよう、トラッキングやサーチなどのメンタルトレーニングをする方がよりふさわしい。

　さて、ミンカの飼い主は、またもや相手の犬に近づけすぎだ。私は、早足で歩き過ぎるように指示したのだが！　これでは余計にロイを興奮させてしまう。

No.4-b12

ロイ（5カ月）

ミンカ（2歳）

No.4-b13

僕はどうしたらいいか
わからないんだ！
なのに、おまえが近くに
来すぎなんだよ！
もう限界だ！

ロイに見る、子犬のストレス行動

　前の写真の時点で、飼い主も距離を離して犬とコンタクトを取るか、体で犬の前方を遮断するべきだったのだが、結局このような結果に。

　まだ5カ月だから、これは純粋な攻撃行動ではない。しかしロイの体に蓄積しているストレスは欲求不満につながり、そして後々、攻撃性となって表現されてゆく。欲求不満は攻撃性を生むのだ。ジャーマン・シェパードが持つ狩猟欲、そして防衛欲は、上手に作業性能としてリンクされなければならない。しかし、ストレスがうまく管理されないと、誰もがそれを使い切れるとは限らない。私には、なんとなくこの犬の行く末が見える。そして、間違ったトレーニングによって、攻撃性の高いジャーマン・シェパードがなんと多いことか。人間の犠牲である。

　ここでロイがミンカに告げているのは、「僕は、この新しい環境とか、皆がいる状態をどうしたらいいか分からないんだ！　なのに、おまえが近くに寄り過ぎるから、もうキャパシティ・オーバーなんだよ！」。

　ロイには、このドッグ・ミーティングですら、今や許容量を越えている。次回はもう少し距離を離して、ミンカに会うべきだろう。

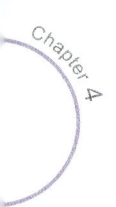

No.4-b14

この飼い主の行動は合っている？

困ったことだ。ミンカの飼い主がもう少し犬のコントロールを持ってくれたら！　そして、ロニーの飼い主のトミーさんは、ミンカに眼が釘付けなのだが、これはやはり飼い主の犯す典型的な間違い。ミンカではなくて、飼い主は、自分の犬の動向にずっと気を向けていることだ。

フォローミー・エクササイズ

次のエクササイズは、フォローミー！（ついでおいで）というもの。最初はトリーツで誘っていいので、犬を前にして、人は後退します。ついてくるようになったら、ずっとトリーツを持った手を犬の前にかざす必要はありません。正面からついてこさせながら、今度は犬が左に付くように手で横へ誘導します。

No.4-b15

リードのたるみに注目！

こうして、横をついて歩く訓練を行う。このとき、飼い主のリードの引っぱり具合について、トレーナーは注意を払うこと。リードはだらりとした状態。このエクササイズは絶対に犬を引っ張ってはいけない。

No.4-b16

この飼い主の場合、フォローミー・エクササイズを理解していない。リードが張っている。犬を引っ張って手元に来てもらうのではなく、声やトリーツで誘いながら、自主的に犬に来てもらわなければ。

パピーレッスン　Puppy lessons

コンタクト・トレーニング

No.4-b17

ナナを手元に誘おうとするが…

ナナ（2カ月）

No.4-b18

初めてくるパピークラス。それだけでも9週目のナナには頭がパンパン。もうほかに何もする気力はない。

No.4-b19

こういうときは、決して無理をしないこと。ナナに周りをゆっくり観察する時間を与える。そして、飼い主も落ち着いて一緒にいてあげること。このときに「かわいそうに、かわいそうに、ママがいるわよ」などと、哀れんだ声など掛けないように。静かにかつ明るいトーンで、時々声をかける程度でよい。

No.4-b20

バルダー（4カ月）
ナナ（2カ月）

回りの環境を一生懸命観察するナナ。隣で練習をしているバルダーのやっていることが、彼女の興味を引いた。

No.4-b21

もしかして、また訓練にのってくれるかもと思ったナナの飼い主。トリーツを鼻につけて誘おうとするが…、トリーツすら受入れないほど、周りの様子をうかがうことに集中している。

No.4-b22

トリーツを無理矢理与えないように。やはり、しばらくナナには、ただ周りの環境に慣れさせるだけでいいみたいだ。隣のサモエドのチェシーをちらりと不安そうに見て、飼い主の股の間に入った。ここが、安心する場である。

周りのことを観察しきって満足したところで、自分から出てくるはずだ。そのとき、また少しだけ新しいことに挑戦すればよし！

パピーレッスン　Puppy lessons

コンタクト・トレーニング

子犬のエネルギー量を考慮しよう

　このように子犬にとって、新しい環境というのは、かなりエネルギーを要するものだ。同時に、毎回どこかに行く度に、こんなにいちいち怖がらないよう、環境訓練というのは、常に行っていなければならない。言語の習得と同じで、子犬が若ければ、新しいこともそれほど苦なく受入れることができる。しかし、成長の段階が進むにつれて、新しいものへの吸収性が悪くなる。

　また、普段何もしないで、2週間後にいきなり外に連れ出すというような練習の仕方も、子犬の環境馴致をむずかしくしてしまう。刺激の少ない「犬にとって」退屈な生活を強いられていると、次の新しい環境に出てきたときに、いちいち刺激が強すぎて、怖がったり、バーティルのようにセカセカしてしまう。もし、新しい環境にしばらく出られないときは、せめて毎日の運動量を増やしたり、メンタル面での刺激（P41を参照）を与えること。

　ナナは、翌日は一日中寝ていたそうだ。しかし、あまり間を開けずに（2、3日ぐらい）次回の環境訓練を行う。そのときは、今回よりもうんと彼女にとって楽になるはずである。

No.4-b23　ロイ（5カ月）

No.4-b24

先ほどのロイ。この通り、ロイはボールで訓練されているので、ボールがある限り、見事に脚側行進を行う。
しかし、飼い主は大事な基礎を抜かしているのだ。このボールがなければ、ロイは大人しくしない。
これでは、本当の関係とコンタクトが築けているとは言えない。このような飼い主は、実はとても多い。
そしてボールがどんなに彼をストレス行動に追い込んでいるかは、先に見た通りである。

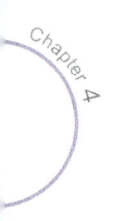

4-3-2 他人と行儀よくあいさつをするトレーニング

　子犬の集中力は長続きしません。だらだらと訓練が続かないよう、トレーナーはリズムを持って授業を進行させること。一通り飼い主が「ついでおいで」訓練のコツを掴んだら、少し休憩を途中におく。そして次の課題に進みます。

　このことは飼い主の日常のトレーニングについても言えることです。台所の片付けをしている合間に小さなトレーニングを入れてみる。子犬が要領を得たところで切り上げ、また台所に戻る。そして片付けがすべて終わったら、子犬と一緒に、またトレーニングを再開するといった具合です。

　というわけで、新しく導入したのは、「他人と行儀よくあいさつをする」トレーニングです。飼い主がまず「いいよ」という言葉で犬にあいさつに行ってもいい許可をだします。つまり、その許可の合図がでないうちは、相手の方には行っては行けないということ。そして他人の前にきたと同時に、今度は相手役をやっている人が、トリーツで犬を座らせます。これは相手の前にきたら、まず座るという癖をつけさせるためです。

順序:
　【他人がやってくる】
➡ 【いいよの合図を犬は待つ】
➡ 【他人のところに行く】
➡ 【そしてその前で座る】
➡ 【あいさつをする(飛びつかない)】
➡ 【おいで！と呼び戻す合図を出す】
➡ 【犬は戻る】

　一通り訓練の流れを教えたら、飼い主同士をペアにします。一人が他人役をやり、その次に交代します。そして、訓練士は各ペアを訪問して、うまく訓練のコンセプトを理解しているか観察。困っているようであれば、私がここに示している通り、例を示します。

No.4-b25

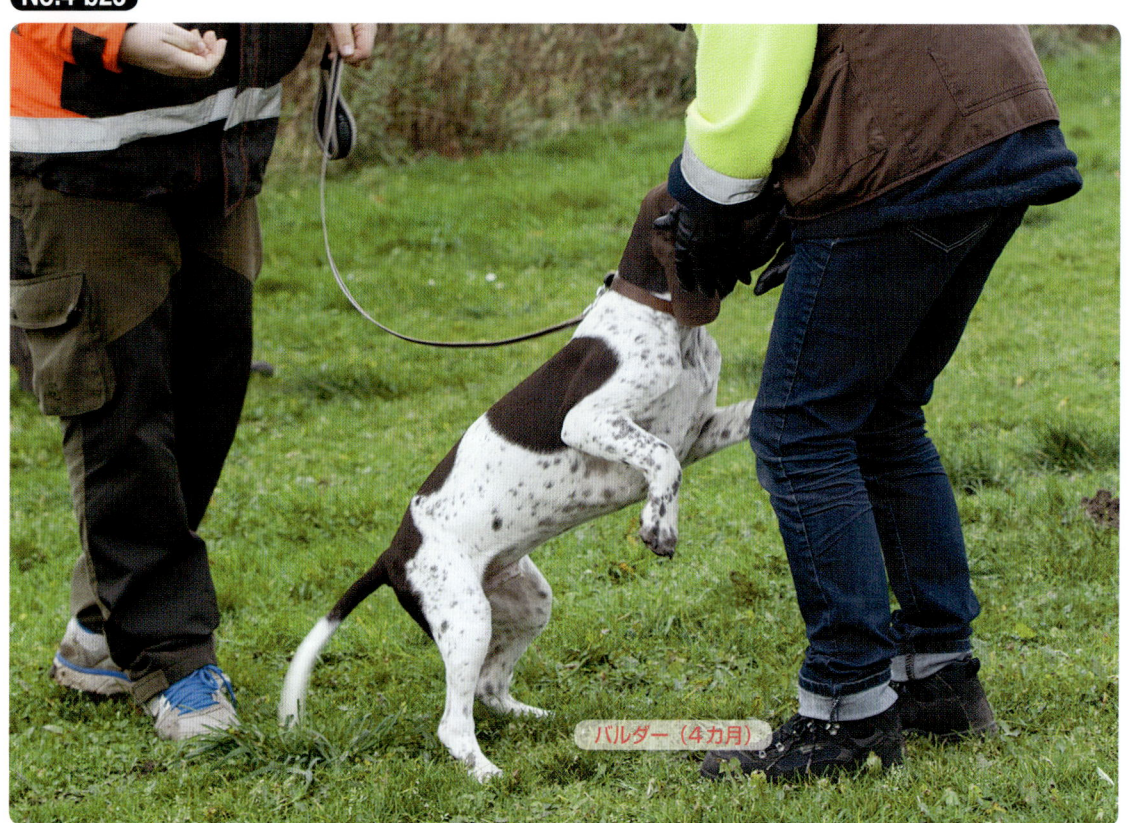

バルダーは、この訓練が初めて。案の定飛びついてしまった。

バルダー（4カ月）

パピーレッスン　Puppy lessons

コンタクト・トレーニング

No.4-b26

バルダーは元気のいい犬だ。飛びついてきたが、私は手にトリーツを持っていたので、座らせた。このときも決して怒ってはいけない。バルダーが生まれつき持っている「人に興味がある！」という純粋な喜びと社交性を、子犬時に決して握りつぶしてはいけない。なぜこのエクササイズをするのかというと、犬が飛びついて足で他人の服を汚してはいけないというのが一つ。そして相手を驚かせないようにするためでもある。ほかに理由はない。

もし、バルダーがあまりにも「行きたい、行きたい！」と暴れて座るどころではなければ、すぐに背を向けてその場から歩き去ればいい。そしてしばらく間をおいて、また戻ってこの訓練を繰り返す。

No.4-b27

座らせた後に、他人役の人はトリーツを与える。その後、飼い主はカット・オフ・シグナルを出す。つまり「止め！」の合図だ。そしてこちらに引き寄せ、トリーツをご褒美に与える。

No.4-b28

バルダー（4カ月）

前回、あまりうまくいかなかったのは、バルダーにむずかしすぎたのである。うまくいかないことを、何度も繰り返す必要はない。犬の訓練にはスムーズなリズムが必要だ。怒って訓練を成功させるよりも、飛びつかないようにするにはどうすればいいか、トレーナーはそれを考えてほしい。そして答えは簡単。相手役が最初から座っていればいいのだ。犬が飛びつくのは、顔に向かってあいさつをしようとするから。物事を簡単にするのは、なかなか飼い主には思い浮かばない。教えられたことに必死に従うことで精一杯だ。トレーナーは犬が成功するように、そして飼い主も成功するように、工夫を常に考えるべきだ。

No.4-b29

やって来たところで、犬を座らせる。もしお座りの合図を知らない場合は、トリーツで誘導する。

No.4-b30

私は立ち上がり、バルダーはさらに飼い主からトリーツをもらい、大人しくしていたことに対して報酬をもらう。これで訓練の中に、一つの奇麗な流れが出来た。リズムである。

4-3-3 飼い主同士の距離の取り方

時々、飼い主同士の距離が短すぎて、犬が思う通りに集中してくれなかったり、
あるいは近くの犬に影響を受けてしまうことがあります。
距離が正しく開けられているか否かは、犬のボディランゲージを読んで判断していきます。

No.5-b31

チェシー（4カ月）
ロイ（5カ月）

　例えば、この写真に見られるチェシーとロイとの距離は、正しくない。ロイが、チェシーとあまりにも距離が近すぎて、避ける行動を見せている。このまま、ここに留まっていれば、ロイはいつものごとく、相手に突進をする、という行動を見せるだろう。だから、追い払おうとして睨みつけている。ところが、ロイの飼い主は、ロイが思い通りに動かないので、リードをあっちにこっちに持って行って、なんとか所定のポーズをとらせようとする。しかし、それで余計に距離が縮まった。
　それに反応してチェシーは萎縮。尾が下がってしまった。そしてどうやら、飼い主の言う通りに動いてもいなさそうである。そこで、私は二人に距離を開けるように指示をした。
　飼い主は、時に自分の犬とのやりとりに集中しすぎて、周りが見えていないことがある。こんなことも、トレーナーはクラス全体をつぶさに観察して、適切なアドバイスを与える。それには、トレーナーは犬のボディランゲージを読む必要がある。どの犬も心地よくクラスに参加しているのだろうか。もしそうでなければ何が原因なのか、と一方踏み入って考えてほしい。

No.5-b32

チェシーの飼い主はすぐに離れて、そして顔をロイと反対方向に向けた。まだ残余の感情のために、尾が下がっているが…。

No.4-b33

ロイからのプレッシャーを感じないですんでいることに気がついた。不快感から解放されて、早速尾が上がる。しかし、何か向こうにあることに気がついた。

No.4-b34

飼い主は、チェシーの意識をこちらに向かせようと（コンタクトを取れるよう）、チェシーと目線が合うように座った。するとチェシーは再び、飼い主の元に（意識が）戻った。こうしてまた訓練を続ける。コンタクトも取れないのに、訓練は延々と続けるものではない。

4-4 社会化訓練

　子犬は今後、街あるいはドッグランやカフェで、ほかの犬と接することが多々あるでしょう。犬には、ボディランゲージを見せたり読んだりする能力が生まれつき備わっています。しかし、私たちが親から言葉をきちんと教えてもらわなければ正しくしゃべったり読めたりしないのと同様に、彼らにも練習が必要です。どうか、社会化訓練を何も受けていない犬を、いきなりドッグランなどに放り込まないように。

　犬の言葉を上手に使えない、あるいは相手の言葉を読む読解力に欠けているコは、よくケンカに巻き込まれるものです。ほかの犬とのお付き合い経験に乏しい故、マナーを知らないだけではなく、相手の出すシグナルに上手に応えられないときがあります。相手のなだめ方を知らず、ケンカに至ることもあります。あるいは相手がなだめのシグナルを出しているにもかかわらず、それを読解できず、そのまま攻撃をしかける犬もいます。一見凶暴な性格に見えますが、性格よりも、もしかして言葉のハンディキャップを負っているからと分析した方がいい場合すらあるのです。

　3週目から4〜5カ月までの間にほかの犬と接する機会をほとんど与えられていないと、後に多くの問題行動（恐怖心による攻撃性）を引き起こす原因となる。子犬の予防接種がまだ完成していないという理由で早期の社会化訓練を控える飼い主がいるが、問題行動を身につけ、どうにも飼いきれず、保護施設にゆくことを考えれば、子犬の社会化訓練の重要性にウェイトをおくべきだと思うのだが。

　自信のある犬ほど、犬語の使い方をマスターしているものです。自分の言いたいことをしっかり伝えることができるし、相手の行動だって自分の言葉でコントロールできるからです。群での中でリーダー格を持つ犬は、このような自信に溢れた個体です。アルファのオオカミは最も攻撃的な個体と一般的に思われているようですが、攻撃性の強い犬は、実は自信のなさの表れでもあります。それに、攻撃的な動作でいつも相手を威嚇しまくっていたら、一体誰が群れに居ついてくれるというのでしょう？

　一方で、自信はあっても、いつも相手に服従的な動作を見せる個体もいます。そして、滅多にケンカには至りません。「うちのコったらいつもほかの犬にヘラヘラして！」なんて、がっかりしないでください。気の弱い犬のように見えますが、これもきちんと言葉の使い方をマスターしている犬です。必ずしも自信に欠けている個体とは限りません。ほかのコとできるだけ早くコンタクトが欲しいあまりに、服従的と思われる動作を取る犬も中にはいるのです。

　子犬を1頭しか飼っていないから、社会化訓練ができない、だなんて言わないで！　社会化訓練は、全く知らない犬に対しても、上手に犬の言葉を駆使し、そして相手を読めるようにするためのトレーニング。パピー・トレーニング・コースなどに積極的に参加して！

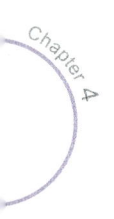

4-4-1　子犬と大人の犬の会話

以下に示すのは、同じ子犬に、違うタイプの大人の犬をノーリードで会わせるシーンです。子犬のアルビンは、シェットランド・シープドッグのトリステンとスイス・ホワイト・シェパードのアスランに会います。子犬は、何かと厚かましく、大人の犬にちょっかいを出して遊びを試みます。しかし、何をしても許されるというわけではなく、大人の犬は「ここまで！　これ以上はダメ！」と子犬に感情を表現します。こうして、子犬は犬世界のエチケットを覚えていくのです。

子犬アルビンと大人の犬トリステンの場合

アルビン（生後3カ月）　　トリステン（4歳）

No.4-c01

「うむ、何だこいつは。」

一見「ムッ」としているように見えるが、心配ご無用。トリステンは「うむ、何だこいつは。やたらとつきまとう子犬だろうか」。これは、走り寄ってきた後に、相手を観察している表情だ。次の瞬間…。

No.4-c02

犬同士の鼻を合わせたあいさつ

トリステンに怖がりの表情は見当たらない。アルビンとあいさつを交わした。尾がここではピンと上がっている。

パピーレッスン　Puppy lessons

子犬の社会科訓練　Chapter 4

No.4-c03

トリステンのおしりの部分がリラックスしたのが見える。いまや尾はピンと立てられているのではなく、左右に振られている状態だ。この子犬がちゃんと「わきまえて」大人の犬と会話することができるとわかり、すっかり気をよくした。アルビンは行儀よく尾を落として、相手に敬意をはらった。

No.4-c04

「このおじさん、やさしそう！」

「このおじさん、やさしそう！」とすっかり安心したアルビン。尾がだんだん上がる。おやおや、あまり図に乗ってはいけないよ！　はしゃぎモードが垣間見える。

No.4-c05

「こら坊主、わきまえなさい！」

すかさず、トリステンは子犬のお調子ぶりを戒めるがごとく、尾をピンと立てた。「こら坊主、わきまえというものを知っているはずだろう？」。

すると、アルビンの尾がさっと落ちた！　こんな微妙なやり取りから、子犬は自分の行動にある程度抑制を持たせることを学ぶ。そして相手を挑発させないよう、ていねいな言葉遣いを覚えてゆく。

No.4-c06

子犬独特のあいさつ

アルビンは子犬独特のあいさつをかわそうとする。頭を下げ、マズルを上げて、相手の口元を舐めようとするのだ。トリステンは、再び尾を上げる。こうしてアルビンが行き過ぎた行動を取らないよう、常に釘をさしておく。

No.4-c07

「俺がここを仕切るのだからね、覚えておくんだよ」

首のニオイを嗅ぐのはどうして？

そして生殖器のニオイを嗅ぎ、お互いのアイデンティティの確認。子犬に嗅がせながら、トリステンはアルビンの首のニオイを嗅ぐ。相手の首のニオイを嗅ぐのは、自分の権威を強調するものでもある。強張ってはいないが、トリステンの尾はこの時点で高々と上がる。「俺がここを仕切るのだからね、覚えておくんだよ」。

No.4-c08

大人の犬の行動に注目！

トリステンは子犬に生殖器を嗅がせたら、もうこれで十分とばかり、草むらにオシッコをしようとする。トリステンが背を向けているのをいいことに、アルビンはチャンス！とばかり、さらに彼のおしりを嗅ごうとする。

No.4-c09

しかし、アルビンは嗅ぎながらも、非常に注意深くトリステンにアプローチしている。あまりにも彼に近づきすぎているからだ。アルビンの慎重さは、体にぴたりとくっつき下がった尾の様子からうかがえる。

No.4-c10

オシッコをしたら、トリステンはすっかり遊びのムードに。それを察して、アルビンは駆け寄ってくる。が、そんな大胆な行動をとっているがゆえに、体を低くし、耳を後ろに引くことによって、自分の言葉遣いの無礼さをフォローしている。犬の会話を見ていると、少し行過ぎたかなぁという行動は、たいてい体のどこかでていねい語を発し補足されているものだ。

No.4-c11

案の定、トリステンは誘いにのり、アルビンを追いかけはじめてくれた！　ここで、すぐさまアルビンは体を低くし、耳を引き、口角を引いて、自分は無害ですシグナルを発する。先ほどの自分の行った荒い動きがまさか彼を怒らせていないか、心配になった。これぞ、パーフェクトなていねい語使いだ！

No.4-c12

トリステンはやや強張っているものの、アルビンの発するボディランゲージをちゃんと理解して、その場で一瞬止まる。トリステンの尾がS字を描いていることからも、彼の気持ちがだんだん和らいでいる様子がわかる。

No.4-c13

大人の犬は、どうして頭を低くしたのか？

次に追いかけっこをはじめたときに、アルビンはトリステンの飼い主の方へ走って行った。飼い主がかかわりはじめると、子犬は大人の犬にとっちめられてしまうものだ。トリステンが「これは僕のママだぞ！近づくな！」というようなケンカ状態を作ってしまうこともあるからだ。

この写真でも既にトリステンは飼い主を見上げ、サポートを乞うている。

> **飼い主はうろうろと歩き続けること！**
>
> このときは何も危ない事態に発展しなかったが、不必要な緊張状態を作らないためにも、犬をノーリードで放すときは、必ず飼い主はうろうろしておくこと。決してひとところに止まってはいけない！とても大事なルールである。

パピーレッスン　Puppy lessons

子犬の社会科訓練

No.4-c14
「もう少し、落ち着きなさい！」

再び追いかけっこをはじめる。子犬のはしゃぎ度合いが高くなるたびにトリステンは、尾を高め、耳を前に傾け「もう少し、落ち着きなさい！」と戒める。アルビンの行動は、前出したものと全く同じ。最終的には必ずカーミング・シグナルを出して、自分の平和的な意図を知らせようとする。ここでもすかさず、アルビンは頭を低くして、耳を後ろに引き、トリステンに謙虚な態度をとる。

No.4-c15
「これでいいかな、これでいいかな？」

この子犬の行動の意図とは？

さらにカーミング・シグナルを強めた。座ろうとする。「これでいいかな、これでいいかな？」。マズルを上げる子犬の行動を行う。このような遊びが、この後何度も何度も繰り返される。

子犬アルビンと大人の犬アスランの場合

アルビン（生後3カ月） 　アスラン（7歳）

No.4-c16

アスランの近づき方はやや乱暴だ。ただし、アスランは相手を選んで自分のアプローチの仕方を適宜変えている。アルビンは、もう先に見た通り、天真爛漫。恐怖心や不安な気持ちを持たない、ラブラドールの子犬だ。その不安のかげりのなさを、アスランは既に遠くから察している。もし、これがやや不安げな心もとない犬が相手であれば、そのボディランゲージをちゃんと読み取り、近づいて5m前ぐらいから彼は走る速度を落として面会する。

ややびっくりしたアルビンは半円を描いて、アスランに応答する。半円を描くというのは、相手の犬へのていねいな接し方だ。

No.4-c17

ここでアスランは、カーミングシグナルを出した。子犬に安心感を与えるため、アルビンのリードを嗅ぐことで、アルビンを直視しないようにしたのだ。この間を利用して、アルビンはアスランの生殖器のニオイを嗅ぎたいと思ったのだろう。

No.4-c18

しかし、そうはさせない。アスランは顔を上げた。こんな微妙なやり取りによって、子犬は犬語の「ストップ！ その行動を今やめるんだよ」を覚える。

もし、アスランではなくて、犬のボディランゲージが読めない社会性に欠けた犬であれば、こんな風にやんわりと断る術を知らなかっただろう。子犬を驚かせたに違いない。というわけで、だからこそ子犬に会わせる犬は、よく吟味しなければならないのである。

ここでアルビンは、犬語と同時に、物事にはやっていいこといけないことがあるというルールの存在を知ることにもなる。そして子犬時代は、何でも早く吸収する。だから犬同士のルールに子犬の頃少しでもふれていたら、大きくなっても苦労はしないのだ。

No.4-c19

大人の犬がその場をリードする

アルビンは許されないけれど、大人の犬は子犬の生殖器を先に嗅ぐ権利がある。そこでアスランは、アルビンのおしりを嗅ぐ。

No.4-c20

アスランはアルビンのニオイを嗅いだら、気が済んで、さっさとその場を離れた。彼の目はアーモンド状で、口角は比較的後ろに引かれている。「僕は君にやさしくしてあげているけれど、でもこれ以上かかわることにはあまり興味がないよ」。その断固とした様子は、実は上がっている尾に表れていた。

子犬の能天気さ！ アスランがたとえ無関心を装っていても、アルビンはアスランに喜んでついてゆく。"ついてゆく"というそれ自体が、既に面白くてたまらないようだ。

No.4-c21

「もうけっこうだよ。ほっておいてくれないか」

前の写真までは、私たちもアルビンの無邪気さを笑って見ていられるだろう。しかし、そろそろアスランのボディランゲージの変化も見逃せない。アスランの尾は前と同じように上がっているが、堅さが見える。アスランの「もうけっこうだよ。ほっておいてくれないか」というシグナルを出している。

パピーレッスン　Puppy lessons

子犬の社会科訓練

No.4-c22

そこで飼い主に、アルビンを呼び寄せるように指示をした。飼い主は立っていたのだが、座って呼び寄せるように言った。するとアルビンは飛んでやってきた。

No.4-c23

「まだ、ついてくる、このチビ助」

アスランも飼い主にあいさつをしたあと、またアルビンはアスランについてゆく。子犬の典型的な行動だ。ひたすら、ついてゆく。しかしアスランは、耳を横に傾け、目を細めている。「まだ、ついてくる、このチビ助」。うんざりしているアスランだが、攻撃的になるほどストレスを感じてはいない。

No.4-c24

しかし、アルビンが飼い主のところへゆくと、アスランは子犬についてゆく。第3者がかかわると、やはりそのままにはしておけない。何が起こっているのか、チェックしに来るのだ。アスランの上がった尾に、その断固とした意志が読み取れる。

No.4-c25

「こら、行儀良く振る舞うのだぞ！」

チェックが終わると、アスランは二人のもとを離れるのだが、それを追うアルビンに対する彼のボディランゲージ。「こら、行儀良く振る舞うのだぞ！」とアスランが言っている様子は、彼のさらに上がった尾で読み取れる。

No.4-c26

写真では見えないが、おそらくアルビンは礼儀正しくふるまったのだろう。するとどうだろう、アスランは背を丸め、尾をゆるりとさせ、子犬のあいさつに応じた。

同じ子犬を巡る２つの出会いの違い

トリステンとの出会いの違いに気がつかれただろうか？
たとえば、アスランに比べると、トリステンのボディランゲージはずっと緊張したものだ。アスランは、子犬に興味がないものの、決してそれは怖がっているからではなく、単に関心がなく放っておいてほしいだけ。彼のボディランゲージは、いたってリラックスしている。
また、長方形体型のシェパードと異なり四角いシェルティの体型からくる動き方にも、その違いが出てくる。シェパードの動きは緩やかであり、対するシェルティは俊敏でひとつひとつの動きにバネが効く。
いろいろなタイプの犬に子犬を会わせ、様々なタイプのボディランゲージに慣れ学習すべきとはこのことである。

子犬の性格別で見てみよう！

天真爛漫でアクティブな子犬、バルダーの場合

バルダー（生後4カ月） サム（2歳）

次に、同じ大人の犬（2歳のオス犬、サム）に、違うタイプの子犬をノーリードで会わせるシーンです。まず登場するのは、前出のアルビンの明るさを備え、かつ元気さとスピードで応答するバルダーです。バルダーは生後4カ月。ポインターやセッターといったガンドッグの種類、デニッシュ・ポインターという犬種です。

元気一杯、俊敏で走るのが大好きな子犬を社会化訓練に出すときに考慮しなければならないのは、その行動パターンのために、相手の犬の狩猟本能を誘ってしまうことです。特に、大人のオス犬は刺激が与えられると、簡単に狩猟欲のスイッチが入ります。よって、さらなる監視の目を強めるべきでしょう。事故が起きてからでは遅く、子犬の心に大きなトラウマを与えてしまいます。遊ぶ犬たちのボディランゲージを読み、狩猟欲のスイッチが入る寸前で介入すべきです。

No.4-c27

2頭が出会った瞬間から、追いかけっこがはじまった。というのも、サムがバルダーのところにやってきたと同時に、バルダーが走りはじめたからだ。バルダーは走り回ることで自分の感情を表現する犬だ。

サムが追いかけてくることに、あまり心地よく感じていないバルダーは全身を低めにして、謙虚な態度を示しながら走る。尾が下がっているのは、彼のなんとなく不安な気持ちから。

No.4-c28

「やばいなぁ」

サムの尾はS字で、リラックスしている。攻撃的な意図はない。一方、「やばいなぁ」と感じながら、背を低くして走り続けるバルダー。

No.4-c29

「ヤバいかも！追いつかれるよ！」

「やっぱり本当にヤバいかもしれない！　うわわ、追いつかれるよ！」。体をさらに低くするバルダー。

No.4-c30

「僕、小さいよ。僕、無害だよ！」

「僕、小さいよ。僕、無害だよ！」。耳と口角を後ろに引いて、懸命に子犬らしさをアピールする。本当はここで止まれば追いかけられなくてすむのに、それでもバルダーは走り続ける。それがバルダーのやり方なのである。

この一連の情景を見たら、飼い主は「追いかけっこにブレーキをかけなくちゃ！」と、ピンとくるべきである。すぐさま介入しよう。とりあえず、バルダーは怖いから走り続ける。

パピーレッスン　Puppy lessons

子犬の社会科訓練

No.4-c31

サムの狩猟欲にスイッチが入った。口角が前に寄り、目が一点に集中している。そして、バルダーのパニックを起こしはじめた表情もわかる。サムから体をかわす行動がここに見られる。尾は脚の間に入っている。

No.4-c32

草むらへ避難をしに、全速力で走る。

No.4-c33

「もっと走れよ、狩猟ごっこやろうぜ」

草むらに避難したら、ここで追いかけっこが中断された。が、サムはバルダーにプレッシャーをかけている。「もっと走れよ、狩猟ごっこやろうぜ」。

No.4-c34

飼い主がサムを呼び戻した。そして、このミーティングを中断させた。

バルダーの出会いを通して、天真爛漫でアクティブな犬への接し方を見てみよう！

この２頭の出会いについて

　犬同士が出会っているときに、決して一方の犬の首をつかんで離さないように。余計なテンションを犬に与え、攻撃的な行動を誘発させてしまう可能性がおおいにあるからです。飼い主が体を使って、割り込む動作を見せるだけで十分。あるいはこのように呼び戻しを行います。

　このミーティングはすでに写真No.4-c30の時点で、中断させるべきでした。写真No.4-c30から

ここまでの経験は、絶対にバルダーにさせてはいけなかったのです。バルダーの「何をしても、何を見ても、生きているのが楽しくてしょうがない」という純粋な幸せ感を、間違った社会化訓練によって踏みつぶしたくはありません。そして彼のようなハッピーな心に恐怖感を育てたくもありません。この敏感な時期に一旦事故に遭ってしまうと、今後バルダーはオス犬を見る度に恐怖を思い出し、オス犬への攻撃行動を身に付けてしまうからです。通り道で

オス犬に出会う度に、相手に飛びかかる行動を見せるという、よくある問題犬にしてしまうでしょう。というわけで、トレーナーもここで「サムを導入したのは間違っていた！」と急いで気がつくべきです。ここで見るように、相手が走るのを見て、それに刺激を簡単に受けるサムのような犬は絶対にバルダーには向かないのです。

しかし、オス犬同士を合わせるのが危ないからといって、ほかのオス犬との社会化訓練を全く与えずメス犬とばかり会わせるというのも、かえって逆効果。なぜなら、オス犬に対する敵対心をより助長してしまいます。オス犬とも、なんとかやり過ごせる術を身に付けてもらわなければ。

では、バルダーにぴたりと合う社会化訓練のオスのお相手は？

相手の犬を見ても、早足でトコトコ走る程度。バルダーがニオイを嗅ぎたければ嗅がせて、とやかく言うことのない、落ち着いていて、その落ち着きの中に幸せを見いだしている犬。あるいは、バルダーのスピードに満ちた遊びを見ても、無視して、そのうち地面を嗅ぎだすような我が道を行く犬。

飼い主がバルダーにできることは？

バルダーのようなエネルギーに溢れた犬の飼い主は、ボディランゲージの微妙なニュアンスをちゃんと理解する必要があります。そして、少しでも2頭の間が「危ないな」と感じたら、すぐに2頭の間に割って入れる反応の速さも必要です。あるいは、バルダーを散歩している途中に、もしほかのオスに睨まれたり、ケンカをしかけられたら、すぐにバルダーをサポートできること。つまり、バルダーを後ろにつかせて、2頭のアイ・コンタクトを遮断します。ぼんやり行く末をうかがっていてはいけません。

バルダーをしっかり守ってあげていれば、次第に飼い主を頼りにするようになり、自分で物事を対処する必要性を感じなくなるでしょう。その必要性を感じる犬は、自ら攻撃的な態度に出て、相手の犬をやっつけようとするのです。

バルダーに必要な刺激とは？

バルダーは、もともと働く犬です。働くことを犬種の歴史として持っている犬、あるいは、すばしっこく元気で走るのが好き、働くことや、人間と協調するのが好きな犬には、何か頭脳作業を与える必要があります。

普段から刺激を与えていれば、ほかのオスに出会ったとしても、日頃の退屈さ、あるいは欲求を満たされずにいるストレスによって、爆発したような反応を見せることは少なくなります。ドッグスポーツや、メンタル・トレーニングを日頃から与えるべきです。

人へのあいさつ訓練と社会化訓練をていねいに！

バルダーは、人と出会うことに全く問題のない犬です。いつも幸せで人なつこくて、すぐにコンタクトを取ろうとします。ただし、嬉しすぎて人に飛びついてあいさつをしようとする問題は持つかもしれません。よって、あいさつ訓練をたくさん入れましょう。ただし、あいさつ訓練と社会化訓練をいっぺんに与えるのでなく、一つ一つをこなしていくこと。一度にたくさんのことを子犬に課しては、ストレスを与えてしまいます。

バルダーはこの撮影のときは生後4カ月。しばらく、おっとりとした性格の犬に会わせて社会化訓練を行うことに集中するといいでしょう。そして、すべての犬がサムみたいに強気に出る犬ではない、「ほかの犬」を怖がる必要は必ずしもない、ということを刷り込んであげることです。

ボール遊びは適当か？

エネルギーに溢れた犬だからといって、ボールや枝を投げるなど、狩猟欲を刺激する遊びを過度に行なわないこと。そして、何に対しても落ち着きと自信を持てるように、リラックス・トレーニングを取り入れましょう。

パピーレッスン　Puppy lessons

子犬の社会科訓練

子犬の性格別で見てみよう！

言葉遣いが上手な子犬、チェシーの場合

チェシー（4カ月） 　サム（2歳）

　素晴らしい言葉遣いを見せるチェシー、これぞ犬として持っていてほしい気質です。つまり心理的に落ち着いてバランスが取れているということ。チェシーは決して「のろのろ」とした犬ではなく、バルダーと同じように元気に遊ぶのが大好きな犬です。

　しかし、元気でも彼女の心の持ち様には、余裕があります。状況に面したら、パニックになったりストレスに陥ったり衝動的に何かをするのではなく、一つ考えてみるという大きなメンタル・キャパシティが備えられているのです。

No.4-c35

「おっと！君は近づいてくるのだね」

サム
チェシー

　「おっと！　君は近づいてくるのだね」。すぐにブレーキをかけて、飼い主の横をゆっくりと歩くチェシー。サムはほかの犬に出会ったことで気持ちが高揚し、尾を高々と上げている。

No.4-c37

　そしてサムに向かって飛び出しもせず、ゆっくりと子犬らしい言葉遣いでサムに近づく。

No.4-c36

「なんだ、子犬じゃないか。それもメスかも？」

　「なんだ、子犬じゃないか。それもメスかも？」と、サムが理解したのだろう。尾が下がり、相手を観察する。チェシーはわずかに頭を左に傾けた。カーミング・シグナルだろう。

No.4-c38

チェシーは、はたと立ち止まり…

　サムを待ち受けるチェシーは、フレンドリーなシグナルを出し続ける。尾を左右に振っている。

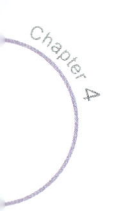

No.4-c39

鼻と鼻をくっつけてあいさつ！

この時点で初めて、サムははっきりと相手がメスだと気がついたはずだ。子犬の場合、性フェロモンがまだはっきりしておらず、よほど近くに寄ってみなければ性別を感知することができない。

チェシーは相変わらず子犬らしい素敵なシグナルを見せ続ける。耳を後ろに引き、尾も少し落とした。

「君は一体誰だい。僕が調べてやろうじゃないか！」と、サムは気持ちの高揚を見せている。耳と目がチェシーに集中しているのがわかる。この集中感のため、体がやや硬直している。

No.4-c40

サムのテンションに気がついたチェシーは？

尾をさらに下げ、子犬らしい「無防備さ」をアピールする。鼻のニオイを嗅ぎながらも相手を絶対に挑発させまいと、耳を後ろに引く。頭をかたむけ、鼻をちょんと上げる。チェシーの柔らかい物腰。

No.4-c41

鼻と鼻のあいさつが終わると…

生殖器を嗅いで相手を確認。心理的に強い相手に対して、たいていおしりを落とすものだ。

No.4-c42

彼がニオイを嗅げるように、尾を右に傾けた。サムに尊敬を払っている証拠でもあると同時に、メスらしい行動。交尾行動のときに見られる。しかし、この時点でチェシーに、メスの感情はまだ芽生えていない。

パピーレッスン　Puppy lessons

子犬の社会科訓練

No.4-c43

「じゃぁ、私も嗅がせてもらうかな」

「じゃぁ、私も嗅がせてもらうかな」。相手を挑発させないよう、できるだけ体を小さくして、サムにアプローチするチェシーの努力に留意されたい。

No.4-c44

君、もう終わったでしょ？

チェシーの体の長さでは、サムのおしりまで届かず。その前に、またサムがチェシーのおしりを嗅ごうとした。サムは大人。自分の意を通す。「君、もう終わったでしょ？」とサム。子犬はそれに従わなければならない立場。

No.4-c45

君、僕のおしりを嗅ぎたまえ

やっと気がすんで、サムは地面のニオイを嗅ぎはじめた。「君、僕のおしりを嗅ぎたまえ」という、サムが出したシグナルである。その間に、チェシーはやっとおしりを嗅がせてもらうことができた。

No.4-c46

におい時間は20秒で終わりだよ

しばらくおしりのニオイを嗅がせた後

サムはチェシーの方を見た。「におい時間は20秒で終わりだよ」。大人の犬が何でも物事を決める。
すかさずチェシーは、子犬らしく謙虚なボディランゲージを発した。耳を伏せて、体を低くした。

No.4-c47

待ってました　　よし、ならば遊ぼう！

チェシーはすぐに嗅ぐのをやめて、きまり悪くなったのか、「よし、ならば遊ぼう！」と走り出した。子供がたしなめられると、ほかのことをして、大人の注意を散漫させるのとよく似ているではないか。
サムは「待ってました」と追いかけはじめた。バルダーのときと異なり、同じくサムに追いかけられても、チェシーにはパニックに陥ったような必死な表情はない。彼女の顔はリラックスしている。同時にサムの顔もやさしいのだ。サムがバルダーを追いかけていたときは、バルダーを見据え強烈な目線であった。しかし、チェシーを見つめる目には余裕がある。口角が後ろに引かれている。それもこれも、2頭はお互いに確認し合っているからだ。そしてチェシーのメンタル・キャパシティの大きさにもよる。

No.4-c48

> ちょっとやりすぎたかな、怒ってないよね？

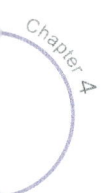

「ちょっとやりすぎたかな」とすぐにパピー・シグナルを出して、一息休憩を入れるチェシー。このままでは、もしやサムがどんどん熱していくと、気がついたのかもしれない。やはり大人の犬との付き合い方がとても上手なのだ！「まさか私に怒っているわけではないよね？」と確認するチェシー。

No.4-c49

> 私、子犬だもん！どうぞ、嗅いでもいいよ！

チェシーは何かと地面に転がる犬だ

しかし、彼女は恐怖心から転がっているわけではない。単に相手に対して、ていねいなだけである。「私、子犬だもん！どうぞ、好きにしてもいいよ！ ニオイを嗅いでもいいよ！」。この行為はまさに子犬ならではのものであるが、おそらくチェシーは転がる術を大きくなっても、今程ではなくともちょくちょくと使う犬になるだろう。

チェシーが転がると、サムはまた生殖器を嗅ぐ。

No.4-c50

> これでよかったのかな？

サムがその場を去った

おかげで追いかけっこが続行されることがない。つくづく、バルダーのときとはサムの行動は大違いだと感じた。相手によってどれだけ行動を変えてゆくか、バルダーとチェシーの例がはっきり示してくれる。

サムが去ったからってすぐに体を起こすことがなく、しばらくこの状態を保った。これは、彼女のメンタル・キャパシティの大きさとその賢さを物語っている。しばらく相手の動向をうかがって、「これでよかったのかな」と確認しているのだ。うっかりすぐに起き上がれば、相手に変な誤解を招くかもしれない。子犬らしい行動だ。

No.4-c51

起き上がってもフセのままでいる

そしてサムの動向を見ているチェシー。この驚くまでの落ち着きぶりは、やはりチェシーが生まれ持っている「心の静けさ」のおかげもある。そして追いかけっこ遊びになにやら危険を感じ、単に遊びにとどまらないかも…という危機感、そして遊びに自らブレーキをかける賢さはあっぱれである。

チェシーの出会いを通して、言葉遣いの巧みな子犬への接し方を見てみよう！

大人の犬、サムとの出会いについて

チェシーは元気な犬であるにもかかわらず、相手犬とのやりとりに置いて、とてもやさしく物腰は柔らかく、どのように言葉遣いを見せたらいいか、相手にどのようなシグナルを見せるべきなのかを完全に理解をしている犬です。そして状況によって、自分のシグナルを上手に調節する才能も持っています。

もう一つ気がついてほしいのは、子犬らしいシグナル（服従的なシグナル、体を低くして小さく見せ

パピーレッスン Puppy lessons

子犬の社会科訓練 Chapter 4

る、耳を伏せるなど）をたくさん出しながらも、全く恐怖心というものを見せていません。

チェシーは恐怖に駆られて謙譲したシグナルを出しているわけではありません。恐怖が理由の場合「どうか、どうか、私を傷つけないで！」というのがメッセージ。チェシーでは、相手に尊敬をはらっているからこその謙譲語なのです。このことからも、チェシーという犬は心理的にとてもバランスの取れ、多くのメンタル・キャパシティを持った犬だということがわかります。

こんな模範的な子犬を飼っている場合、飼い主はその事実に満足するだけではなく、チェシーの持っているものを大切に壊さないように育て上げる義務があると思うのです。

サムとの出会いにおける、チェシーとバルダーの行動を比べてみよう

同じサムに出会うのでも、バルダーはサムがやって来た途端に、ドタバタと走りはじめました。それが走るのが好きな彼の表現の仕方だからです。しかしチェシーとバルダーは、生後４カ月の子犬。同い年であるにもかかわらず、チェシーのこの落ち着きぶり！　よくある振る舞い方は、反対方向に逃げるか、あるいは相手に勢いよくどたばたと向かってゆくかのどちらかなのです。チェシーはサムに面と向かい、あいさつの用意をしています。そしてゆっくりと彼に近づくではありませんか。何といっても、チェシーは元々とても元気で活発な犬。しかし、走り回ることはしません。これぐらい、きちんとした大人の犬に対する子犬の言葉遣いもないでしょう。私はとても深い印象を受けました。

その後のミーティングでも、バルダーはサムへ上手に対処することができず、一方チェシーは上手にあしらうことができました。だからといって、私はチェシーがどんな犬とも対処できるとは言っていません。おかしな行動を見せる犬に出会えば、チェシーがどんなに努力しても、相手の犬がその言葉を読み取れず、彼女に攻撃的な態度を取る事態もあり得るのです。よって、チェシーとはいえ、社会化訓練の際に相手を選ぶことはやはり重要です。

飼い主がチェシーにできることは？

模範的な行動を見せる犬の飼い主の悩みは、犬が正しく行動を見せても、それが当たり前になり、うっかり褒めるのをうっかり忘れてしまうことです。チェシーの生まれついた才能を大切に保存してゆくためには、褒めること。

しかし、正しい行動を褒めるためには、何が正しい行動であるか、飼い主は犬のボディランゲージをやはり読みこなす能力が必要です。そこでトレーナーは、クライアントとなっている犬の問題的な言葉遣いばかりを飼い主に指摘するのではなく、正しい言葉遣いをしたときも、これが「あるべき姿なんですよ」と知らせてあげるのが必要です。

だからといって、チェシーに飼い主のサポートが全く必要ないわけではありません。チェシーのような大きなメンタルキャパシティを持っている子犬と暮らしていると、つい安心して彼女を限界に追い込んでしまうこともあるでしょう。例えばチェシーの寛容さにつけこんで、押しを強めてくる犬もいます。それを飼い主は見抜いて、急いで犬と犬の間に割り込み、チェシーをサポートしなければならない事態も絶対に浮上してきます。何しろチェシーは、いくら「ませて」いても、やはり子犬なのですから。限界値は、大人の犬よりも遥かに低いのです。

このミーティングでも、写真No.4-c40の時点で、ミーティングを一旦中止してもよかったぐらいです（その際は、決して手を使わず、犬と犬の間に体を使って割り入ること。）そしてしばらく休憩を与えて落ち着かせ、それからもう一度会わせます。こうして社会化訓練を強化させてゆきます。

何か事故が起こらない限り（ほかの犬に攻撃されることが度重なるとか）、そして飼い主がフェアにチェシーを育てている限り、彼女なら落ち着きを持続させて、どんな犬も、そして世の中のあらゆる事象にも対処できるすばらしく心理的な強さを持つ犬になるでしょう。

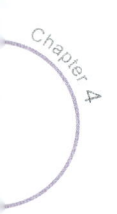

4-4-2 子犬と子犬の会話

子犬にとって一番楽しいのは、やっぱり同い年の子と遊ぶこと。子犬同士の遊びは、スピード感に溢れています。決して遊ばせすぎないように、どちらかが疲れたようなシグナルをみせたら、必ず休憩を入れます。そして飼い主は、犬のやっていることから決して目を離さないように。

理想的なパピートーク、チェシーとバルダーの場合

チェシー（生後4カ月） 　　バルダー（生後4カ月）

ここに紹介するのは、生後4カ月のオス犬バルダーと、同い年のメス犬チェシーの遊びです。私の予想では、こんなに若いのに既に言葉遣いが巧みな「おませ」チェシーが、バルダーとの出会いのシーンをリードすると信じていました。チェシーは、犬の世界の「常識」をわきまえながら、それでいて明るくポジティブに振る舞います。バルダーはその点、チェシーほどには交渉術に長けておらず、その場その場で「思い立った」反応を見せるにとどまっています。しかし、バルダーの性格のよさが、たとえ行動が毎回衝動的でも、出会いを平和なものにしています。

No.4-d01

リードから放たれた。さすがガン・ドッグだ、バルダーはすぐにニオイを嗅ぐことから物事をはじめる。

No.4-d02

「おや、あそこに白い犬がいるよ！」

「おや、あそこに白い犬がいるよ！」。チェシーの存在に気がつくと、すぐに鼻を地面から離して、勢いよく彼女の元へ走ってゆく。首を下に落として、スピードをつけているのがわかる。

No.4-d03

「しまった〜！ もっと謙虚に振る舞えばよかった！ 君、名前は？」

チェシー　　バルダー

バルダーは自分の感情にまかせて最初は勢いよく向かって行ったものの、チェシーの側に来ると、自分の勢いのよさを「しまった〜！ もっと謙虚に振る舞えばよかった！」と、すぐに抑えて、一気に下手に出るジェスチャーを見せた。体を低くして、「やや、僕は謙虚、謙虚。君、君、名前は？！」と慌ててあいさつをする。

チェシーはバルダーの服従的なボディランゲージにすぐに気がつき、相手を安心させようと、体を低くして、彼の出会いを受け止めた。耳が離れている。やはり彼女も自分を小さく見せようとしている。一見、チェシーは怖がっているようなボディランゲージを見せているようだが、彼女の勢いと今後に続くボディランゲージより、そうではないということが理解できるはずだ。

パピーレッスン　Puppy lessons

子犬の社会科訓練

No.4-d04

そして次の瞬間、チェシーはすぐに遊びに誘う行動を見せた。

No.4-c05

「よーし、鬼ごっこだ！」

突然、遊びがはじまる

　子犬同士のことだ。鼻と鼻をくっつけて！という最初のあいさつを省略して、一気に遊びに突入してゆく。バルダーは動き回ることでほかの犬との遊びを開始するのが、やはりここでも見られる。そして追いかけられていても、怖がっているという風には一向に見えない。加速して「よーし、鬼ごっこだ！」とばかり、はしゃいでいる様子がわかる。バルダーがサムと出会ったときは、追いかけられ、すぐに背が丸まったものだ。
　この後すぐにバルダーは後ろを振り向き、プレイバウを行なった。「ね、これ、遊びだよ。わかっているよね！　シリアスに受け取らないでね！」。

No.4-c06

チェシーが急いでバルダーの飼い主であるイェスさんのところにあいさつに行った。バルダーは自分の飼い主のところに相手の犬が行っても、それに介入もしないで走り続けている。チェシーとの遊びにとても安心感を持っている証拠だ。

No.4-c07

私の足元にやって来た。これも、一見バルダーが怖がっているように見えるが、そうではなく…。

No.4-c08

「ほら、追いかけて！走ろうよ！」

積極的に遊びに誘うバルダー

　バルダーは実は、自分からチェシーを追いかけっこに誘っているのだ。「ほら、追いかけて！　走ろうよ！」。バルダーは、チェシーに比べて背全体を低くする動作パターンをよく見せることに注目。これはガン・ドッグらしい行動ではないかと思う。ガン・ドッグは、鳥を見つけたときに全身を落として忍び寄る。その点、チェシーが体を低くするときは、いつも前脚を前に伸ばすことで、体を落とす。

No.4-d09

遊びの途中で動きを止めるチェシー

チェシーは時折、遊びの途中にぱたりと止まる。それをやや不安そうに、でも実は遊びたくてしょうがないという感情をいっぱい込めたボディランゲージを見せるバルダー。

No.4-d10

まさか、僕に怒ってないよね？

不安になるバルダー

バルダーがやや不安なのは、彼は遊びの進め方として、常に走っている方が気が楽なのだ。時折はたと止まるというのは、彼はあまり得意ではない。「ね、チェシー、まさか君、僕に怒っているわけじゃないよね、ね、ね？」。見つめるバルダーにチェシーは顔を背け、同時にすっと視線をそらして、相手の興奮をなだめた。

No.4-d11

じゃぁ、このプレイバウでどう？

再び遊びがはじまる

このジェスチャーにバルダーがすっかり気を良くした。「じゃぁ、このプレイバウでどう？」とバルダー。すると、チェシーは前脚を上げて、遊びの誘いにのった。

No.4-d12

お、待ってました！

「お、待ってました！」とばかりバルダーは身を翻し、逃げる役を再開。写真No.4-d09からd12の4枚の写真は、見事にパピー会話を見せていると思う。子犬らしいジェスチャーで話をしながら、互いに言わんとすることをきちんと理解し、そして伝えている！　そしてこのハッピーエンド。

No.4-d13

チェシーは「目上」に接するときに、締めくくりにいつもお腹を見せるのだが、バルダーは何かにつけてプレイバウをする。おまけに上目遣いをしている。子犬らしい行動だ。こうして、彼はチェシーが「まさか自分に怒ったりしないよね」とスピードを出して走っては、確認する。バルダーはエネルギッシュな子犬だが、同時に腰が低い。

No.4-d14

それでは！

同じ遊びパターンが繰り替えされていることに注目。バルダーのプレイバウに呼応して、チェシーが「それでは！」と追いかける…。

パピーレッスン　Puppy lessons

子犬の社会科訓練

No.4-d15

「走るの早かった？怒ってない？」

「あ、やっぱりスピードつけすぎちゃったかな！　君、ね、怒ってないよね、僕に！」。

No.4-d16

「大丈夫よ！遊ぼ！」

「安心してよ、怒ってないよ！　遊ぼう！」とチェシー。

No.4-d17

「本当に遊んでいいんだよね？」

「いや、僕はもう一度確かめるよ。本当に遊んでもいいんだね！」。

No.4-d18

「それって、遊ぼうの意味だよね？」「そんなに心配しないで！大丈夫だよ」

「ね、遊ぼうって意味だよね！？」とバルダー。チェシーは今度は自分もプレイバウを行なって、バルダーに返答をした。バルダーとチェシーのプレイバウに少し違いがあるのがわかるだろうか。バルダーのニュアンスは、「ね、お願い、お願い！」という懇願が強いものだ。一方、チェシーのは、相手をなだめようとしているプレイバウ。「大丈夫だよ、そんなに気にしなくても！」。この後に追いかけっこが再開されるのは、もう読者のみなさんも想像に難くないだろう！

No.4-d19

　バルダーとチェシーのミーティングは、まさに私が想像していた通りであった。2頭の活発な犬が、それぞれのボディランゲージの癖をすでに披露して、一緒にいることを心から楽しんでいた。
　バルダーはやや心もとないところがあるが、チェシーがいつもそれをフォローしようと懸命にフレンドリーなボディランゲージとカーミング・シグナルを出していた。見事なパピートークとも言えるだろう。

これぞ理想的なパピートークだ！

　こんなやり取りを通して、子犬は社会性を培う。そしてどんな犬語を使えば、相手を怒らせたりしないで遊べるかを習う。バルダーがプレイバウをたくさん見せているのは、もちろん子犬であるというのもあるが、今後も"走っては止まる"というテクニックで相手をスピード遊びに誘うだろう。だから、犬の各個体によって独特の「しゃべり方（振る舞い方）」というのがこれら社会化訓練の中で確立されてくる。相手をなだめたり、あるいは遊びに誘うという同じ意図にしても、各犬が自分の経験から「これをやったら、うまく相手に伝わった！」という動作を今後も使おうとするので、それぞれのボディランゲージとそのパターンができあがる。
　子犬時代にこういった社会化遊びを経験せずに、いきなり大人の犬になってほかの犬と面と向かうことになったら、どうなるだろう！
　言葉遣いをまるで練習せずに、本番。怖がって、吠えまくるしか振る舞いがわからなくて当然だろう。

おませなチェシーと怖がりダンテの会話

ダンテ（生後4カ月）　チェシー（生後4カ月）

　その子たちの気質がどんなものなのか、子犬のうちに把握しておくのはとても大事なことです。そしてその子にあった将来の対処法を、私は飼い主に説明します。たとえば、社会化訓練は大人しいメス犬を使った方がいいとか、ゆっくりと社会化訓練を行うべき（いきなり多くの犬のいるところではなく）、もっと環境訓練を強化した方がいい、などなど。

　犬の最初の一年間における経験が、将来どのような犬になるかの決め手になります。以下のミーティングを追いながら、ダンテの性格とその行動を観察してみましょう。

No.4-e01

2頭の出会い

　サモエドのチェシーは生後4カ月のメス犬。この子犬はおませさんで、既にとても犬の言葉遣いが上手。何しろ、とても気持ちが落ち着いている犬なのだ。

　さてダンテは、チェシーに出会い鼻と鼻をつきあわせるあいさつを行うことになった。ここで、ダンテの尾を見てほしい。嬉しいときのシェルティの尾は、高々と上がり過ぎて尾の先が背につくほどなのだが。体を丸めている。

　この下がった尾を見た瞬間に、飼い主は「この子は不安なんだわ」と子犬の感情を察してあげなければならない。

No.4-e02

逃げるダンテ

　耳を後ろに引き、頭を低くして、尾を脚の間に入れて、速足でスタコラ逃げる。情けないほどに怖がっている状態を見せているダンテ。チェシーとかかわりたくないのだ。

No.4-e03

「ひゃっ、怖い！」

立ちはだかるチェシー

　逃げるダンテに追いつき、前に出てきて行く道を阻んだ。このときのダンテのボディランゲージ！「ひゃっ、怖い！」。体がすくんでいる。本当は、この前の写真の時点で、飼い主はチェシーとダンテの間に割って入るべきだった。その場を去ったということは、ダンテとしては既にチェシーのニオイを嗅いで確認し、もうこれでミーティングは自分にとっては終わったということを表示しているのだから。人間の子供の言葉でいえば「ママ、もうあの子に会ったからいい。僕、怖い。どうしたらいいかわからないよ。ここから逃げたい」。子供がそういえば、親ならすぐに手をとって一緒に去るだろう。

| パピーレッスン Puppy lessons
|
| 子犬の社会科訓練

No.4-e04

こうして2頭の間に入り、ダンテを守ってあげる。

No.4-e05

飼い主のサポートで勇気が出たダンテ

飼い主の介入後のダンテのボディランゲージの違いに気づいてほしい。「ママが助けてくれているんだ！」と気持ちにゆとりが出た。そしてすくりと立って、チェシーを見据えている。ダンテの飼い主のボディランゲージの出し方はとても正しい。自分の犬を背後に、そしてチェシーと面と向かっている。

社会化訓練は独りではできない。どうしてもほかの犬の中に入ってゆく必要がある。でも、ダンテがこのように飼い主に守ってもらえるということを次第に理解してゆけば、徐々にほかの犬の中に入ってゆく自信がついてゆく。そして社会化訓練が可能となるのだ。

No.4-e06

それでも遊びたいチェシー

前に進み出ることができたダンテに対して、遊びたいチェシーは、今度はフセをして相手にできるだけ敵意のない、やさしいシグナルを送ることにした。

No.4-e07

「それでは遊びましょう！」
「あっちへ行け！」
「え、やっぱりだめ？」

自信を得たチェシーは「それでは遊びましょう！」と起き上がった。その瞬間、ダンテはすぐさま飼い主の足元に戻り、歯を見せて「あっちへ行け！」という意思表示を見せた。尾がおしりにぴったりついた。本当はダンテの心の中では、チェシーにとても興味あるし、できるなら遊びたいのだ。何しろ、ダンテは子犬だ。しかし、悲しいかな、彼の生まれ持っている不安感があまりにも大きく彼の感情世界を支配しているために、気持ちの高揚が起きても、こんな風なボディランゲージでしか自分を表すことができない。というか、不安が大きすぎて、チェシーの遊びの誘いを消化するほど、メンタル・キャパシティも持ち得ていないのである。チェシーの言葉「え、やっぱりだめ？」。

No.4-e08

ついにチェシーは…

このシグナルにすぐに呼応するところが、チェシーの「ませた」ところだ。フセをして自分を小さく見せ、なんとか相手をなごませようとした。しかし一向にダンテが遊ぶ意志を見せないので、そのうち、北方スピッツの常、遠吠えのような吠え声を出して、自分のフラストレーションを表現した。ここでミーティングは完全に打ち切った。

ダンテが不憫に思えた。生まれつき、こんなにナーバスなのだ。子犬らしく遊ぶことが、本当にむずかしい。

怖がりダンテと のんびりナナの会話

ダンテ（生後4カ月）　ナナ（生後9週）

　怖がりの犬だからといって社会化訓練を避けるのではなく、飼い主が適切な行動を取ってさらに相手の犬を選びさえすれば社会化訓練は可能です。

　そこで、ダンテを勇気づけるためにも、絶対にダンテに危害を加えるような相手ではないもう1頭の子犬、ナナを会わせてみることにしました。彼女は9週目の子犬で、セントバーナードのミックス犬です。サモエドのチェシーに比べて、気質がのんびりして、そうそう物事に動じません。チェシーは、素晴らしい犬の言葉遣いをする子犬ですが、しかし彼女のエネルギーレベルが、この神経質なダンテにとってはやはり負担でした。

No.4-f01

　好きなときに逃げられる自由を与えるために、最初からダンテをノーリードにしている。そしてノーリードであることで、飼い主の守ってくれる行為が、よりダンテの目に明らかになる。そうなれば、一層その信頼感は増すだろう。

　ナナはリードで登場だ。既にダンテは向こうにいる子犬に気がつき、一瞬止まる。決して「おいで、おいで！　怖くないから、ナナはまだ小さな赤ちゃんなのだから」と、犬を急がせないこと。彼に観察できる時間をゆっくり与えよう。

No.4-f02

　赤いジャケットを付けているのが、ダンテの飼い主。その後ろを歩いているのが私。そしてダンテはなんと私の後ろについている。ダンテの飼い主は、すなわち、ナナに近づきすぎているのだ。ダンテにはとうていそこまで近づく勇気はない。

　それにしても、ダンテは本当に神経質な犬だ。このような訓練を若いときから積み重ねて、飼い主の信頼関係を築けば、将来、少しでもよくなるはず。ただし、毎日行う必要はない。ダンテを疲れさせてしまうばかりか、メンタル・キャパシティが一杯になってしまう。一週間に一度、ほかの犬に会わせる訓練をすればよし。そして、ダンテがもう少し大きくなって、彼のメンタル・キャパシティが大きくなり、飼い主との信頼関係も深まったら、社会化訓練の頻度をもう少し上げてもいいだろう。

パピーレッスン　Puppy lessons

子犬の社会科訓練

Chapter 4

No.4-f03

　相変わらず、ダンテが私の後ろについてしまうのは、飼い主がナナに近づきすぎているからだ。私とダンテは今までに会ったこともなく、まるで赤の他人だが、それをも頼って、自分の身を守ろうとする。飼い主として、愛犬をこんな状況に陥れたら、信頼関係が作れなくなる。

No.4-f04

２頭が近づく

　ナナの飼い主にナナを抱き上げるようにアドバイスをした。そうしたら、ダンテはナナに近づく勇気を得るだろう。そして、ダンテは少しでも犬のことを知るべきだ。
　好奇心が打ち勝ち、ダンテはナナの飼い主のところにやってきた。ダンテが近づきやすいようにしゃがんでいることにも注目。ここでダンテは初めて子犬を間近に見ることになる。ナナの飼い主は、ダンテを支えてあげている。このときに決して、ダンテを強く掴まないことである。

No.4-f05

　ダンテがちょっとでも「もう離れたい」というそぶりを見せたら、すぐに支えている手を離す。「大丈夫よ、大丈夫よ！ほら、もう少しナナを見てもいいわよ」と無理強いしないように。犬の尺度で「もうけっこう」と決断したことに、もっと注意を払ってあげよう。ナナの飼い主が手を離して、彼を自由にさせた。

No.4-f06

> この子、動いたぞ！大丈夫かな？

ダンテの緊張感に注目！

　「おや、この子、動いたぞ！もしかしてやばいことになるのだろうか？」。ナナの飼い主はしゃがんでいることに疲れて、立ち上がりポジションを変えようとした。そのときにナナのポジションが変わり（ダンテの目から見て）、ダンテはすぐにまたピリリと警戒を強めた。彼の引き締められた耳、堅く閉じられた唇にテンションを感じるだろう。もしナナの飼い主がここで犬を地面に戻すのであれば、ダンテの飼い主は急いでこの場から少し離れたところに行くべきだ。ダンテのことだ、驚いてまた逃げてしまう。そのときに、飼い主が遠くにいれば、ダンテはそれを避難場所として使うことができる。
　人間の子供が怖いそぶりを見せたら、親はできるだけ子供の近くにいてあげようとするだろう。しかしダンテからすると、たとえ飼い主が側にいても、距離を離したい気持ちが強ければ、やはり独りでも逃げる方を選ぶ。

No.4-f07

ダンテが歯を見せた

　ナナの飼い主がしゃがみ直した。するとナナはまじまじとダンテを見つめた。その直視にプレッシャーを感じて、怖くなったのだろう。すぐにダンテは歯を見せて「距離をあけろ！」というシグナルを出した。ダンテの飼い主は、もう少し距離を離してこの状態を見守っていた方がよかった。ダンテは飼い主がいるので、まだそこに留まっているのである（よほど怖くなったら、自分から離れるだろう）。ダンテがチェシーに歯を見せたときと比べると、こちらの方がまだ穏やかだ。ナナの動作はチェシーに比べると、まったく動きのないものだし、遥かに安全だから。

No.4-f08

　ナナの頭の位置が横にそれると、ダンテはとたんに歯を見せるのをやめた。ダンテは、まだそれでもずっと側にいる。だから、本当は好奇心も一杯なのだ。遊びたいのだ。だが不安感がいつも勝ってしまう。そしてその不安感のために、彼の体はいつも緊張で堅くなっている。かわいそうな犬だ。
　さて、ここでナナの方がもぞもぞしはじめた。下に降りたいのだ。ナナの気持ちを尊重し、降ろすことにした。

No.4-f09

　急に地面に降り立ったナナにダンテがびっくりして、防衛的な行動を取るかもしれない。私は急いで、ダンテの視線を遮った。それでなくとも、ダンテは神経質で不安感なために、気持ちが高揚している。私の後ろ盾をもらっていることもあり、彼がどんな行動をナナに起こすかわかったものではない。

No.4-f10

　飼い主が少し離れていてくれたおかげで、ダンテは避難場所を飼い主に見つけることができた。早速、飼い主の後ろに隠れようとする。

No.4-f11

ナナが遊びに誘う

　ダンテが自らナナのところにやってきた。そしてナナとあいさつを交わす。こうして、社会化訓練が可能となる。
　ナナのパピーリフトに注目。ナナはくったくがない。ダンテの神経質な振る舞いにまるで影響されていないみたいだ。「遊ぼうよ」と誘うナナ。
　しかし、ナナと比べてダンテの体の緊張感。わかるだろうか。この緊張感を見れば、ダンテの気持ちがほとんど限界に近づいているのが理解できる。しかし、歯も見せず、なんとかその場にいることができたのは、ナナの振る舞い方が穏やかだったからだ。

パピーレッスン　Puppy lessons

子犬の社会科訓練

No.4-f12

案の定…。ダンテはナナの飼い主の後ろに隠れた。ダンテに遊んでもらえないことがわかると、ナナは飼い主の靴が気になったようだ。急に相手の犬から、人の靴へと好奇心が移った。あれこれと気持ちを散漫させるのは、いかにも子犬の行動である。これで、ミーティングは終わりだ。

ダンテの出会いを通して、シャイな子犬への接し方を見てみよう！

シャイな子犬の社会化訓練について

　以上のように、飼い主のサポートのもとに、社会化訓練を定期的に行うことは絶対に必要である。将来、ほかの犬と仲良く遊ぶ犬にはならないかもしれない。しかし、社会化訓練とは、ほかの犬と仲良く遊ぶ術ではなく、正しい言葉遣いを習うための訓練だ。遊びたくない相手と遊ぶ必要はない。相手に遊びをていねいに断る術（吠えまくって相手を撃退するのではなく）、怖がらずに相手とかかわらなくてもいい術など、社会化訓練を通して彼は「この厳しい世の中」を渡る術を身につけていくだろう。

　要は彼には自信がないのであり、生まれ持った不安感も自信を持ち上げることで、大きく改善する。なので、社会化訓練のほかに自信アップの訓練を日頃から行ってみよう。

シャイな子犬への5つのプラン

1．もし同居犬がいるなら、飼い主とダンテだけの時間を設けるようにする。そして、いろいろな環境に出向いて、ダンテを様々な状況に馴らす。これはダンテの見地から見ると「ママがいてくれたから、何も恐ろしいことが起こらず、うまくやり過ごせたんだ」ということになる。車が横を通り過ぎても、大きな音をたてて走るバイクが後ろから来ても、自分に災難が降り掛からなかったのは、ママがいてくれたから。この気持ちを培ってあげることで、犬は飼い主により信頼感を抱くようになる。

2．メンタル力をつけるトレーニングをする。たとえば、半分腹這いになった飼い主のお腹の下をくぐるとか、犬がちょっと躊躇してしまうようなことも、練習をさせてみる。犬は覆いかぶされるということに抵抗を感じる動物だ。しかし、あえてそれをしても何事も起こらないことを学習させて、自信をつける。

3．ボールを投げたり、ひっぱりっこをして一緒に遊ぶというのは、犬が環境に慣れるまで、あるいはあなたの前では堂々と振る舞えるまで、待った方がいいだろう。子犬のことだから、好奇心も強い。だから、床にオモチャを這わせて誘えば、一応はついて

くるときもある。しかし、同時に持ち前の気弱さから、遊びながらもどこかでいつも恐怖感や怖さを感じている。それでは遊びによって完全な自信がつくことはない。それよりも、頭脳トレーニングを通しての遊びは、自信を培う立派なエクササイズとなる。たとえば知育玩具を使って、考えさせる。成功の度に自信がつく。

4．体を使うエクササイズも忘れずに。単に散歩をするだけではなく、パルクールなどいかがだろうか。これは環境にあるものを使って、犬にエクササイズを行わせる方法だ。ベンチの下をくぐらせる、石の上をジャンプさせる、塀の上でバランスを取りながら歩かせるなど。これらエクササイズは頭脳運動にもなるし、バランス・トレーニングともなる。不安定な足場で、どう自分の四つ脚を置くべきか、一つ一つの筋肉と運動神経に対してコントロールができてくると、犬は内面からも自信を得ることができる。この点で、人間も同じだ。身体をよく鍛えていれば、どんな足場でも自由に体を動かせることができる。これは精神的にも大きな自信を与える。

5．シャイな犬とつきあう上でのルールNo.1は、「無視すること。かまわないこと」。自分からコンタクトを取るまで待とう。例えば客人が来る際にも、むりやり会わせない。まずは、犬に客人を（あるいは通りで出会った人を）観察する時間を十分与える。客人には、犬がいないがごとく振る舞ってもらおう。視線を感じるだけでも、シャイな犬にとっては「しんどい」経験となる。

そして犬が自分から出て来るまで待つことだ。とうとう最後まで出て来なかったら、それはそれで受け入れること。たとえ、犬がやっと勇気をふるって前に出てきたとしても、客人も飼い主も「かわい〜、よくできましたね〜！」などと声をかける必要はなく、ましてや撫でる必要もない。ひたすら知らない顔をして無視を決め込む。

このような臆病な犬にとって必要なのは、自分の条件でゆっくり観察をして、確信を得ることである。他人から褒めてもらっても、確信を得ることはないし、シャイな犬にとっては苦痛にすぎない。

人前に出ることに徐々に慣れてきたら、自分から出てきてニオイを嗅いでいる間に静かに床にトリーツを落として、「楽しい思い」を加えてみよう。それでも警戒をしなければ、手から与えてみる。このとき、大袈裟に褒めたり、はしゃいだり、手の動きや体の動きを見せないように、そっと静かに行うのがコツだ。

シャイな子犬が他人や環境に慣れるのは、非常に時間がかかる。しかし、ひたすら忍耐強く。そうしてゆっくり自信と信頼を強めてあげよう。それから徐々に刺激の度合いを強めてゆくことである。いきなり車がビュンビュン走る国道にゆくのではなく、まずは近所の通り道からといった具合に。人に慣らしたり、ほかの犬と会わせるにも、同じ方程式を使ってほしい。

No.4-f13

街中でのエクササイズ（パルクール）の様子。子犬のエクササイズを行うときは、まだ骨や筋肉ができあがっていないので、ジャンプや着地などの衝撃の激しい運動は避けること。くぐらせたり、スラロームを行う、何かにタッチするなどはOKだ。

パピーレッスン　Puppy lessons

子犬の社会科訓練

No.4-f14

ダンテのような怖がりの子犬の社会化訓練は、最初は絶対に2頭だけで行おう。いきなり複数の犬がいる公園やパピー・ミーティングには、連れてゆかないように。

少々のことで折れない子犬への接し方

以上で、シャイな犬、明るい犬、社交的な犬などの接し方を記したが、最期に、少々のことで折れない（頑固な）子犬への接し方を紹介しよう。

飼い主が「だめ！」と言っている端から、「どうしてよ」と言わんばかり、自分の意を通そうとする犬がいる。心理的に強い子犬だ。

しかしこれは多くの場合、「だめ」という意味を犬が理解していなかったり、あるいは学習で得た行動であったりする。

例えば、テーブルに美味しそうなものがあり、「ほしい、ほしい（ワンワン！）」と言い続けていたらもらえた経験があったり。あるときは、テーブルの側で食べ物をもらえ、あるときは「だめ」と言われたり。となると、これは単に頑固者の気質だけの問題ではなさそうだ。

頑固な犬は、あきらめの悪い犬。自分の意志を通すためなら、あきらめないのだ。だから飼い主の一貫性のなさにつけ込む。これには、飼い主側がルールを徹底し、例外を作らないようにすべきである。このことは、ほかの家族のメンバーにも伝えて、ルールを統一しよう。

もう一つ、自分の意志を通そうとする犬とつきあうためには、できるだけ衝突の元になるものを生活から取り除くのもアイデアだ。例えば、どうしても入ってはいけない部屋に入ろうとするのなら、その部屋のドアのところに柵をするなど、そもそも子犬が入れないようにする。

頑固だからといって、決してあなたを「下位」として見下している証拠などではない。粘り強い性格の子犬なのだ。なので、しつけの際に暴力に訴える必要などない。暴力で解決しようとすれば、あなたへの信用はなくなるし、犬は余計に自分の考えに凝り固まろうと、悪循環を生みだす。

4-5　環境訓練

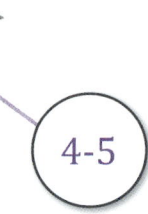

社会化訓練と平行しながら、環境訓練(環境馴致訓練とも言います)を与えましょう。世の中のいろいろな事象に馴らせてあげることで、将来、屋外で起こることにいちいちびっくりする必要がなくなります。そして外界の刺激(適度な刺激)にさらすことで、子犬の柔軟な脳に健全な発達を促すこともできます。前向きで好奇心の強い、安定した気質を育てるためにも、環境訓練は欠かせません。そして、飼い主と子犬の絆も、一緒に冒険をして自信を得ることで培われてゆくでしょう。

4-5-1　子犬と街歩き

インディは生後3カ月になるオスのスイス・ホワイト・シェパードの子犬です。インディの飼い主は私と同じ名前のヴィベケさん。ヴィベケさんは、ブリーダーでもあります。なので、インディが生まれたときからずっと一緒に暮らしています。

インディは定期的に環境訓練を受けていますが、いつも公園や原っぱなどの近所でした。今日は初めて、街に散策にゆきます。このような環境訓練を通して、自分の周りにある音、ニオイ、事象に対して、いちいち反応しないでいられるようになります。

飼い主を頼って、自信を持って歩くこと、そしてたとえほかの犬や興味のある人に出会っても、無視できる自制心をも培います。自制心は、やはり人間の世界で生きている以上、それゆえ社会に迷惑をかけないよう、どうしても家庭犬には必要なことです。

最初は何でも珍しく、それゆえに安全なのかどうかというのは子犬には明らかではありません。しかし、馴れによって「誰も襲ってくる怪獣もいなければモンスターもいない。飼い主といる限りは安全なんだ」ということを学習するようになります。街に出れば、適度な刺激を受けることもできます。それが、若い脳の成長を助けます。すると、犬はより精神的なバランスを得て、ストレスで吠えたり飛びかかる必要がなくなるのです。何しろ自信があれば、気分もいいわけですからね。

インディ(生後3カ月)

用意するものは、犬が好きなもの。オモチャもしくはトリーツをいっぱいにポケットにしのばせて。いい子に振る舞っていることに対して、褒めてあげるのを忘れないこと。何がいいことなのかを教えるためにも、明るく静かに話しかけて、犬を励まします。特に環境訓練をしているときは、ポジティブな雰囲気を犬に感じてもらうのは大事です。

そして、犬が果たして心をしっかり保って元気に歩いているかをチェックしましょう。ストレスでハァハァしたり、転移行動を取っていないかなどのストレス・シグナルを見落とさないでください。時に立ち止まり、犬とコンタクトを取って確かめます。コンタクトがとれないようであれば、かなり重傷です。

パピーレッスン　Puppy lessons

環境訓練

No.4-g01

街の階段は、環境訓練にとてもいい

　インディは車から降ろされ、街に続く小さな小道を歩き、階段の前にやって来た。子犬にとっては新しいチャレンジだ。そしてこの階段、5段しかなく、街が初めての子犬にはちょうど良い難易度。

　躊躇を見せるインディ。しかしヴィベケさんは、決してリードをひっぱることで、子犬を進ませるようなことはしない。ゆるりとなったリードに注目。あくまでも励ましの声とそれにともなうボディランゲージのみ。しかし、決して慌てる必要はない。犬がニオイを嗅いだり、しばらく辺りを見ていても、その時間をきちんと与えるように。子犬は子犬の方法でまず辺りを確認したり、馴れようとしているのだ。

No.4-g02

　ヴィベケさんが上手にトリーツを使って、リードする。そして励ます。環境訓練に出かけるときはたくさんのトリーツ（それも特別おいしいもの）が必要だ。

No.4-g03

「うまくできたよ！簡単だった！」

　子犬にも、自分で何か一つのタスクをこなした！というのがわかるのだと思う。この嬉しそうな顔。「大丈夫かな…と思ったけど、うまくできたよ！　簡単だった！」。このとき、褒めるのが大事であるのは言うまでもないだろう。

No.4-g04

街中のニオイを確認

　インディが、街にある石の置物を嗅ごうとしている。ヴィベケさんがさっさと歩いてしまうところだったので、私は「止まって、止まって。嗅がせてあげるべきよ」とアドバイスをした。

環境に慣れるには、嗅覚で覚えることも大切

　人間は新しい環境に来ると、目ですべてをチェックして、どこに行こうか、どこを歩くべきかを、ほぼ自動的に脳で決定している。しかし犬はそうはいかず、やはりニオイで辺りを確認したいものなのだ。環境訓練というと、人ごみに慣らせることや車の騒音に慣らせることが、まず頭に浮かぶかもしれない。でも、犬にとっては嗅覚を通した環境馴致訓練も必要である。

　もちろん街を歩くときに、ニオイを嗅いですべてをチェックすることは許されない。おいしそうなニオイにつられることもあるだろう。子犬の環境訓練の目的は、「街には何も恐ろしいものなどない」ということを犬に納得してもらうため。だから、可能な限りは、子犬に嗅覚で観察させることを忘れずに。

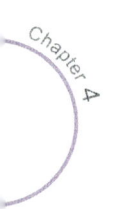

No.4-g05

犬に出会う

　街に来るのだから、当然、他所の犬に出会うはずだ。ヴィベケさんは、「今までリードをつけてほかの犬に会わせても大丈夫だったから、いいわよ」と言って会わせてしまった。しかし、私は絶対に勧めない。ひどいケンカになったのを何度も目撃しているからだ。左のケアン・テリアは、耳を立て前方に向け、強気に身構えながらインディにつき進んでゆく。

　とたんにインディは、子犬らしく、すぐに体を低くして、この大人の犬に敬意をしめした。耳も倒されている。

No.4-g06

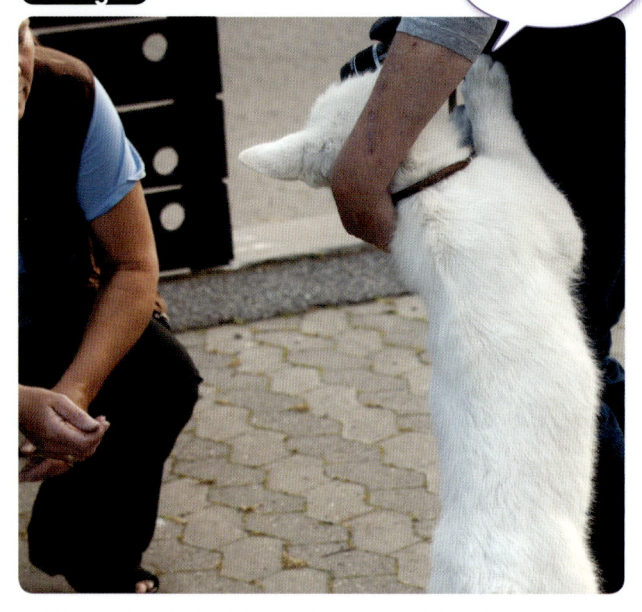

怖いよう！

　「怖いよう！」インディは飼い主に助けを求めている。それでヴィベケさんに立ち上がって脚をかけている。飼い主は、このようなシグナルを見たら、すぐにその場を離れるべきである。でも、なかなかヴィベケさんは動かないので、私は急いでしゃがみ、もしものことがあれば2頭の間をブロックする用意でいた。

No.4-g07

さらに犬がやって来た

　おやおや、街にいると、こういうことも起こるものだ。3頭目の犬がやってきた。これはいけない！　それも全員リード付き。1頭の引き起こす緊張感が伝染して、あっという間にケンカになる。

　私は、インディにこのウェスティを近づけないよう、手でブロックをした。

　飼い主のヴィベケさんは「このウェスティにも会わせてもいいわよ」というのだが、私は断固反対であった。2頭同士で、リードゆるゆる状態ならいい。しかし、3頭がリードで！　絶対にだめ！

No.4-g08

　ウェスティは、ケアン・テリアにコンタクトを取りはじめた。これはますます危ない。この2頭の間で緊張感が生まれたら、うっかりインディのところにとばっちりが来ないこともない。こういう場合は、すぐに退場すべき。しかし、それを人間が理解していないとどうなるのか？　そう、犬たちはリードで体の自由がきかない。自由の身であれば、さっさとその場を離れていたはずだ。これも、リードを着けて会わせる危険の理由の一つだ。

　ヴィベケさんは急いで退散した。子犬を導くときに、知らない大人の犬の前で子犬にトリーツを与えるのは、私は勧めない。大人の犬が怒り出すからだ。このように、手を差し伸べて子犬を導く。

パピーレッスン　Puppy lessons

環境訓練　Chapter 4

No.4-g09

今度は子供がやってきた

さすがに街だ。いろいろな事が起こる。ほかの犬にはリード付きで会わせてはいけないが、人間なら子犬が大丈夫というシグナルを見せている限りは、できるだけ会わせた方がいい。

No.4-g10

犬は、人間がかがむときの上からの圧迫感が嫌いだ。なので、インディはニオイを嗅いだら、すぐに背を向けてしまった。

誰もが犬との接し方を知っているわけではない。ヴィベケさんは、子供にトリーツを渡して、犬との接し方を教えてあげた。

No.4-g11

これは、インディにもいい、人間との社会化訓練となる。先ほど、圧迫感を感じたものの、インディはこれが人の接し方であるということも学ばなければならない。人に対して、インディにはポジティブな連想をしてほしいのだ。そして子供はできるだけ体を押し倒さないように、犬に近づき、犬の顎の下から手を出しトリーツを与えた。

No.4-g12

街にある様々なものに慣らす

干し魚を売っているところがあった。普段見かけないものだ。街に出れば、食べ物が売られているし、歩道にカフェがある。またブティックが並ぶ。何をみても、怖がる必要などないということを、子犬に教える。

しかし、食べ物であれば鼻をつけさせてはならないし、ましてやブティックの柱にオシッコをさせてはいけない。インディはまるで興味を示していないので、私もヴィベケさんもここではとてもゆるりと構えているが、もし食べ物に子犬が突進しそうであれば、もう少し距離を離したところでニオイに馴れさせること。あるいは、インディのように無関心に振る舞いながらも、急に側に行くかもしれない。飼い主は、犬の行動をじっと監視する必要がある。犬は必ず前兆となる行動を見せているものだ。

No.4-g13

少し疲れたインディ

　新しい印象を一杯詰め込まれて、インディは満足しているけれど、やや疲れてしまった。そこで、しばらくヴィベケさんはインディを抱えてあげることにした。舌を見せているのは、彼の疲れだろう。ただし覚えておかなければならないのは、犬には歩くための4つ脚がある。子犬がこんな風に疲れてしまったとき以外は、必ず自分で歩かせるべきである。たとえ小型犬でもだ。犬には、どうか犬らしい犬生を与えてほしい。

No.4-g14

向こうからサイクリストがやって来る

　しかし、インディはそれにも興味を見せない。頭が本当に疲れてしまったとみえる。こんな無関心を見せているときに、もし誰かが「触ってもいいですか？」と聞いてきたら、ていねいに断ろう。子犬だから、つい多くの人の関心を惹いてしまう。しかし、犬の気持ちを尊重しよう。

No.4-g15

向こうから、次の犬が現れた

　子犬を連れていて、ほかの犬に出会うとき、その犬のボディランゲージをまず読んでほしい。世の中のすべての犬が、犬とのつき合い方を知っているわけではない。ヴィベケさんも私も、向こうの茶色い犬はどうも友好的ではなさそうだと感じた。

　茶色の犬の尾が立っており、そして尾の先が体に向かっている。これは大人の犬がよく若い犬に対して見せる「戒め」の感情だが、何もコンタクトを取らないうちから、こんな態度を見せているのだ。こういう犬は、たとえ子犬に会っても、しばらくニオイを嗅いだ後に突然「ウウ〜っ！」と敵対的な行動を見せるタイプである。それに張りつめたリードを見てほしい。飼い主はまるでこの犬にコントロールがついていないようだ。あ〜、絶対にこんな犬に子犬を接触させてはだめだめ！

No.4-g16

　路が狭く、避けて通り過ぎることができない。なので、ヴィベケさんはインディを抱き上げた。通常、私は犬に出会う度に犬を抱き上げるというのは好まないのだが、この場合ほかに何ができただろう。路は狭く、相手の犬は社会化訓練をさせるにはまるで適切ではない危ないタイプである。ほかの犬に出会って嫌な経験をこの時期に絶対にさせてはならないのだ。さもないと、将来相手の犬を怖がり、通りで犬を見る度に、飛び掛ったりやたらと吠えるというような癖がつく。

パピーレッスン　Puppy lessons

環境訓練

No.4-g17

ゆっくり休憩を取ろう

環境訓練をしているとき、こうしてしばらく休憩を取ることだ。これはリラックス・トレーニングでもある。いつもどこかを嗅いでキリキリしている必要はない。時には、ゆっくりする。ゆっくりしながら、環境にあるすべての事象をゆっくり吸収する。ある意味で外からの刺激に対して鈍化させるという意味でもある。

No.4-g18

再び街を散策し、子供たちに出会う

しばらくリラックス・トレーニングをした後、また街を散策。するとインディのかわいさにつれられ、また子供たちがやって来た。少し休んだので、インディもコンタクトをとってもよさそうだが、ヴィベケさんはすかさず坊やたちに、インディの撫で方を指導した。いきなり頭や体を撫でるのではなく、顎から手をかけること。乱暴に撫でられたり叩かれたりすれば、犬を驚かせてしまう。犬はすぐには反応をしないが、後になって子供を見た途端、急に「ウ〜ッ！」と唸る癖をつけるものだ。

街中のリラックス・トレーニング

一緒にいること自体を、こうして家ではない別の環境で犬と経験する。リラックス・トレーニングは、最初は街のど真ん中でやる必要はない。それでは、あまりにも子犬にとって刺激が大きすぎる。インディが訪れたのは海辺の街なのだが、街の広場ではなく、少し中心から離れた海辺の散歩道で休憩を取った。ここなら、適度な頻度と量で人が行き来するのみ。時折散歩している犬を見る程度。騒音もそれほど激しくない。

何をするでもなくリラックスする。いつも人にあいさつする必要はない、いつも何かをしている必要はないということを、家以外の環境ですることに馴れれば、どこに行っても（ドッグカフェに訪れても、犬のイベントに行っても）、自分のアクティビティ・レベルを調節できる犬になる。これは、つまり自制心を養っていることでもある。「そうか、ここでは何が起こっても、僕はママと一緒にリラックスしてれば、そのうち時が解決してくれるのだ！」。最初は、多くの自制心が必要かもしれないが、そのうちそれが癖になって習慣的に行うようになる。そのためには、たくさんの環境訓練、それに伴うリラックス訓練が必要だ。

リラックス訓練によって、犬は集中力を養うこともできる。つまり外界の刺激に作用されないので、例えばその中で飼い主にコンタクトを向けたままでしばらく時間を過ごすことができる。

スポーツドッグは、競技会のグランドでほかの犬や地面のニオイにいちいち反応しない。それは、環境を無視して一つのことに集中できるよう、訓練を受けているからである。その訓練の中で、犬は飼い主を信頼することも学習している。つまり周りに何が起きても、飼い主はいつも自分に楽しい思いをさせてくれるし、絶対に嫌なことなど起こらないと、確信しきっている（だから飼い主に集中できる）。

ヴィベケさんは「ね、ここにママと一緒に座っているだけでいいの」と、時々トリーツを与えてインディにリラックス術を教える。時には、コーヒーを持ってきて、ベンチで子犬とゆっくり飲んでみるのもいいだろう。飼い主がまずリラックスしなければならないからだ。もちろん子犬のためにも、たくさんのトリーツを忘れないで。

No.4-g19

…と指導したにもかかわらず、ここが子供なのだろう。すぐに頭を撫でてしまうのだ。インディの耳を見てほしい。後ろにぴったりと寝かされている。顔も背けている。あまり心地がよくないのだ。インディは好奇心一杯だから、子供の側に行ってみたいものの、知らない人から、こんな風に手がやってくるとやはり嬉しくない。

No.4-g20

子供と接触したあと、インディは知らない人たちに囲まれた自分の気持ちをなぐさめるために、今度は私のところにやってきた。子供には背を向けている。このシグナルを見逃さないように。「ぼくはもう君たちとかかわり合いをもちたくないよ」。子供がまたやって来てさわろうとしても、今度は拒否すること。子供嫌い、人間嫌いにさせないために、犬が興味を見せていないときは、子供が触りたがっても断る。

No.4-g21

今度の子供は、むしろ犬を避けたがった

ちょっと怖いのだ。子供が怖がっている場合も、犬のときと同様に、その気持ちを尊重しなければならない。

No.4-g22

インディも、子供の意図を読んだらしい。地面を嗅ぐ。おそらく子供をなぐさめるためのカーミング・シグナルだろう。

パピーレッスン　Puppy lessons

環境訓練

No.4-g23

面白いもので、自分の子供が興味がないことに少しきまり悪いと思ったのか、母親がすぐに犬を撫でて子供に見せようとした。「ほら、この子、とても大人しいわよ。撫でなさい」。子犬が疲れて人と関わりたくないというシグナルを出しているときに、むりやりに会わそうとする飼い主がいるが、母親も子供が疲れて興味がないのに、無理矢理に犬をさわらせようとする。

社会には、すべての人が犬を好きにならなければならないという風潮があるようだが、私は犬を好きになれない人はそれはそれで仕方ないと思うのだ。お互いがお互いを尊重すればいいだけのことである。

No.4-g24

帰るとしよう！

たくさんの人の側を通った。子供にも会った。干し魚を初めて見た。知らない犬にも出会った。階段を登ったり降りたり。街の様々な音とニオイは興味深いし、新しいものだらけ。インディは疲れを見せはじめている。無理をさせてはいけないので、そろそろ環境訓練は終わりにして、帰路につくとしよう！

No.4-g25

食事中の人をやりすごす

帰路の途中。疲れたけれど、まだ子犬の好奇心は残っているとみえる。週末の夕方、海辺でピクニックをしている人に興味を見せた。もちろん子犬に環境のいろいろなものを体験させなければならないが、この場合、人に迷惑をかけてはいけない。特に食べている間は、インディには止まってニオイを嗅ぐことは許されない。トリーツを使って、インディをこちらに呼び寄せた。

No.4-g26

街から出て、最初の小道に戻る

ここに来てインディは座りこんだ。子犬座りだ。後脚で支えずに、おしりを地につけている。子供のようだ、疲れたのだ。

No.4-g27

あくびをしたり、後脚で体を掻いたりと、転移行動を見せた。疲れたので歩きたくない、でも歩かなきゃという感情で衝突しているのだ。

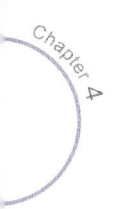

4-5-2 相手の犬を上手にかわすための飼い主レッスン

私のクリニックでは、知らない犬に道で出会ったとき、飼い主はどのように振る舞うべきなのか、犬の何を読み取るべきなのかをレッスンしています。

これは、飼い主に、愛犬のボディランゲージを常に先回りして読む能力が求められます。あなたの犬も相手の犬の見せる言葉に反応しないよう、あるいは相手を興奮させないような「無視」を決め込んだボディランゲージを出す必要があります。その意味でこの環境訓練は、ある意味、社会化訓練でもあります。

以下に、生後4カ月になるレオンベルガーのオス、オリーと、バセット・ハウンドのオス犬、生後3カ月のゲオの「互いに無視するトレーニング」を見てみましょう。

オリー（生後4カ月）　　ゲオ（生後3カ月）

相手の犬と上手に通り過ぎるための飼い主レッスン

No.4-h01

レオンベルガーのオス、オリーが飼い主にリードで連れられてやって来た。既に向こうから来るゲオに気がついている様子が、ボディランゲージからわかる。頭を下げて、相手を見据えようとしている。背も丸くなっている。この「相手に気がついている、確認している」というシグナルを、まず飼い主は読み取り、リアクションをはじめなければならない。のんきに構えていて、犬が相手の犬に対してかなり気持ちを高揚させた状態になってからでは、犬は聞く耳など持ちはしない。早め、早めの対処が必要だ。

オリー

No.4-h02

これは良くない例である。ゲオの背を見てほしい。丸くなっているし、飼い主の後ろを引きずられるように歩いている。にもかかわらず、飼い主はすたすたと歩き続ける。飼い主は、向こうからやってくるオリーの姿に釘付けで、自分の犬を見るのを忘れている。そう、ここではゲオはレオンベルガーに出会うのをためらっているのだ。ならば、今の歩くテンポを緩めて、ゲオにもう少し向こうから来る犬を観察する時間を与えるべきであった。ゲオにストレスを与えてしまう。

ゲオ

パピーレッスン　Puppy lessons

子犬の社会科訓練

No.4-h03

「あまり関わりたくないぞ！」

「わーい、遊びたいなぁ！」

ゲオ

オリー

　ゲオのボディランゲージは明らかだ。全身を低くしている（バセットはそれでなくとも既に地面に低い犬なのだが！）。「このでかい犬とは、あまり関わりたくないぞ！」と感じている。一方でオリーは、大喜び！「わーい、ほかにもパピーがいるじゃないか。遊びたいなぁ！」。オリーの尾は上がって、喜びに満ちている。
　私は子犬時代のこの喜びに満ちたポジティブな態度を決して摘み取りたくない。だから、決して叱りながら訓練をしたくない。オリーがここまで反応してしまったのは、ゲオとの距離が狭すぎたからだ。なので、オリーを叱る代わりに、もう少し距離を開けて次回は練習をすべき。そうトレーナーは察して、訓練を調整する。
　ただし、オリーの飼い主は上手に立ち振る舞っている。余計なことを言わず、毅然としてスタスタと歩き続ける。

立ち話しのときの飼い主の振る舞いレッスン

No.4-h04

No.4-h06

　飼い主同士で立ち話をはじめてもらった。これは立ち話をしながらでも、同時に自分の犬の動向に常に目を光らせておくという、飼い主のための訓練。
　このときオリーは、自らバセットに背を向けた。背を向けるのは「あなたと関わりたくありませんシグナル」だ（相手をなだめようとするときにも用いられる）。ただし、悟った犬だけがこの行為を見せる。悟っていない犬は、コンタクトを取ろうと、飛んだり跳ねたりする。だからこそ、「ほかの犬とむやみやたらに散歩中にあいさつすることはできないのよ」という概念を子犬期から入れておくのは大事なのだ。子犬だから、すぐに学習してくれるのである。
　そして、オリーのように自ら「相手を無視する」行為を見せたら、飼い主はたくさん褒めて、その行動を強化することだ。

No.4-h05

　一旦、オリーが後ろを向くと、ゲオは安心して、今度はオリーに興味をもちはじめた！

　ゲオの注意はオリーにすっかり向けられているので、私が横に入ってゲオの気持ちをそらすことにした。さもないと、ゲオの気持ちはどんどん盛り上がってきてしまう。ゲオの飼い主は、オリーが後ろを向いているからといって安心せずに、ゲオの視線にも注意をすべきだ。そして、ゲオの「高まる気持ち」をその視線から察して、彼の注意を遮断すべき。さもないと、ゲオのフラストレーションが高まるばかり。なんといっても、ここでは、犬同士あいさつをしてはいけない場所。その欲求をどこかで抑制するよう飼い主は犬を助けてあげる必要がある。
　トレーナーも、飼い主とその愛犬の訓練をスムーズにするときに、以上のような介入の仕方は覚えておく方がいい。ゲオはここでストレスをためる必要なく、ほかの犬との「あいさつできない」状況を、とてもポジティブに経験できるからだ。

column

デンマークの動物病院で行われている「獣医慣れレッスン」

　私の知っているデンマークのいくつかの獣医クリニックでは、子犬が獣医師を怖がらないでいられるための環境訓練として、病院を解放し「獣医慣れレッスン」を行っています。ここは楽しいところなのだということと、獣医師が体をさわっても怖がらなくていいことを子犬に教えるトレーニングです。

　このコラムは、獣医さんにもぜひ読んでいただきたいと思います。どのように接したら、子犬を怖がらせずに済むのか、いくつか紹介します。

No.4-k01

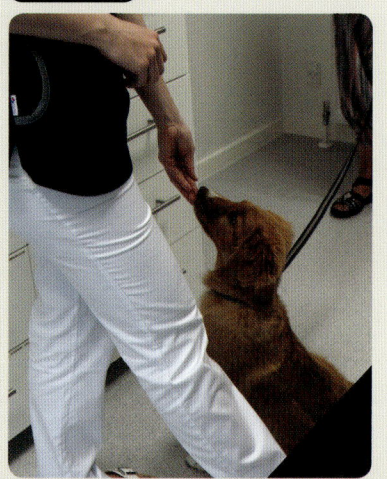

まず、獣医師が入ってきた。獣医師の犬との接し方を見てほしい。体をかがめずに、犬にあいさつ。体をかがめると、その圧迫感で犬を怖がらせてしまうからだ。「私は怖くないわよ」と犬に信頼を与えるために、まずはトリーツを与える。

No.4-k02

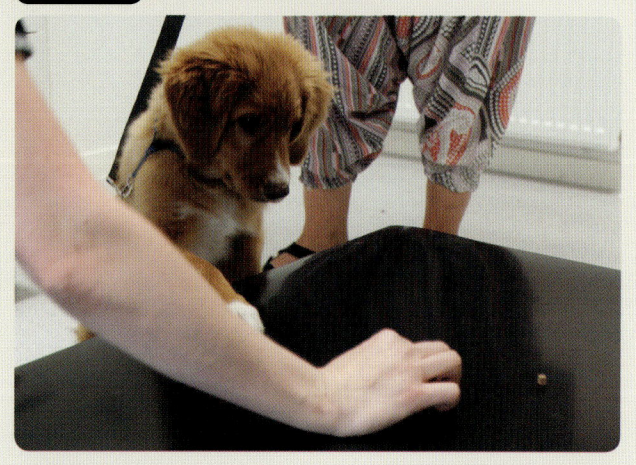

診察台に誘導するときも、トリーツを使って。いきなり体をつかんで、診察台に乗せない。多くの子犬を怖がらせてしまうからだ。

No.4-k03

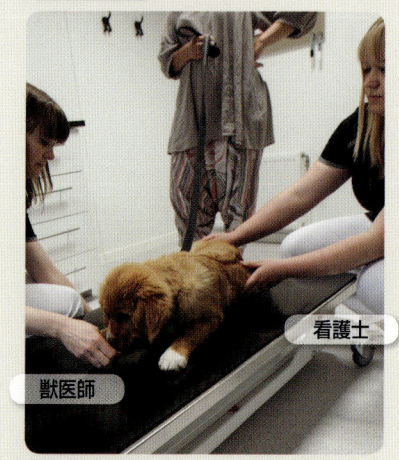

獣医師／看護士

テーブルに乗ると、看護士が子犬のおしりに手を触れて、手の動きに慣らそうとしている。その間、獣医師がトリーツを与えて、子犬を安心させる。前にいると子犬に圧迫感を与え怖がらせてしまうので、横から。

No.4-k04

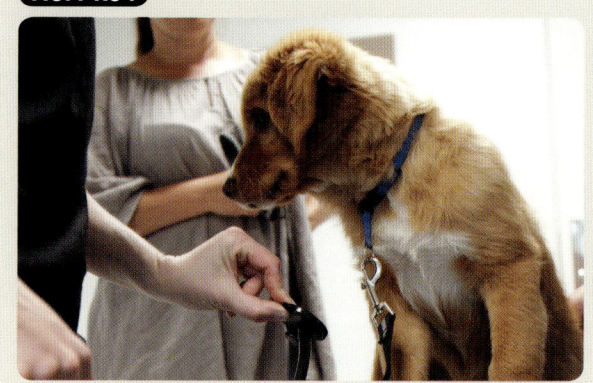

次に、聴診器を見せて、まずはニオイを嗅がせ、何でもないものなんだよと教える。そして慣れてきたら、看護士がトリーツを与えているうちに、獣医師が聴診器で体をチェック。爪切りも同様に行う。

No.4-k05

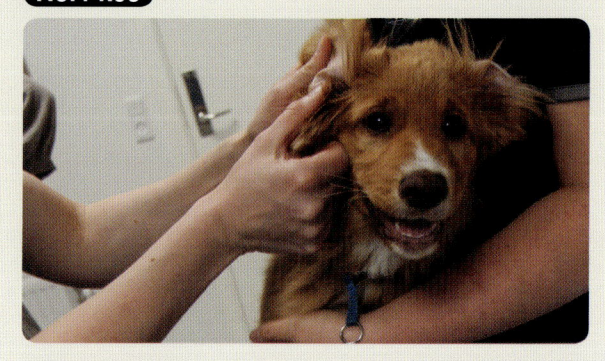

看護士が子犬の体を自分にくっつけて体温を感じさせ、安心させている間に、獣医師が耳のチェック。このとき、犬の脅威にならないよう、看護士は体をかがめずに、両手でやさしく支えている。同じく歯のチェック。大人しくできたら、トリーツで犬を褒めることも忘れずに。

Chapter 5

人と犬のよい関係
A good relationship of dog and man

最近はペットやコンパニオン・アニマルという言葉は
あまり使われなくなり、ファミリー（家族）として子犬を迎える方の
方が圧倒的に多いことでしょう。では私たちは犬にとって、
親もしくは兄弟、はたまたリーダーなど、
どんな存在でいるのがよいのでしょうか？

5-1 人は犬にとって、どんな存在になるべきか

人は犬にとって、どんな存在になるべきか

つい最近まで北欧でも、家族を「オオカミの群れ」と見なして、人間を上位につけ、犬を「下位」につけるというコンセプトで犬をしつけたり訓練したりしようとしていました。しかし今は、学問的にも人間をオオカミの群れに例えるのは無理がある、間違いだと指摘されています。そして、トレーナーの間でも「アルファ理論」はだんだん古い思考として廃れつつあります。私としては、そもそも違う種の動物を相手に"アルファ（リーダー）"と認識できるかということ自体に昔から疑問を抱いていたし、最近のトレンドを見て「やはり」と感じている次第です。人間は人間。犬は犬。人間は犬の群のアルファにはなれません。それには、あまりにもアルファとしてのボディランゲージが異なるからです。そう、種が違うのです。

しかし、犬は適応という面で驚くほど才能を延ばした「元オオカミ」です。違う種の群の中にいても、それなりに上手に相手に合わせて、結局自分にとって一番利になるよう暮らすことを学んだ動物です。だからこそ、新しく子犬を迎えた私たちは、「人間の社会の中でも衝突をしないよう、できるだけ犬が楽しく生きていけるようガイドを与える役」でいたいと思うのです。なぜなら犬は、私たちのガイドがあれば人間世界でなんとか上手に生きてゆく能力を持った動物だからです。

人と犬のよい関係　A good relationship of dog and man

信頼されるガイド役とは？

ただし、私たちをガイド役として犬から認識してもらうには、まず「信頼」が必要でしょう。信頼できないものに、誰もガイド役を期待しません。そして犬にとっての信頼感と、人間にとっての信頼感というのは、時々視点が異なるのですね。たとえば私たちが犬に、栄養が整ったオーガニック素材の素晴らしいドッグフードを与え、温かい寝床を提供したとします。それは確かに犬にとって幸福をもたらしているはずなのですが、犬側からすると意識して捉えられていない。むしろ、通りで出会った「怪しい」犬に出会ったときに、飼い主が毅然としている態度の方に安心感を抱くのです。それを犬は「信頼」として感じます。「飼い主が善意を尽くしていれば、いつかは犬に理解される」なんて考えないように！

飼い主の善意が人間風の善意である限り、私たちが何をしても犬は理解してくれません。

しぐさを読めれば、犬の感情に寄り添うことができる

しかしたとえ視点が違っても、犬のボディランゲージを読めば「私はこの子に正しくガイドを与えているのだろうか、いないのか」という判断がつきます。犬が不快を感じているボディランゲージを発見したら（たとえ私たちが犬にとって心地いいことをしたと思っても）、それに対してなんとか対処することができます。ここから、犬の信頼が得られるというわけです。問題は、私たちの多くは犬のボディランゲージを読めずに、犬の感情を無視してしまう。すると信頼感というものは培われなくなります。

どうして、犬のボディランゲージを読んでいないのかというと、一つは人間のボディランゲージとは異なるからです。実は私たちは、人間同士と接しているときに無意識にボディランゲージを読んでいます。コミュケーションの90％以上が、ボディランゲージといった「非言語」コミュニケーションからなるという研究も出ています。よって必ずしも「額面通り」にいつも相手の言葉を信用しているわけではありません。相手の目の動き、体の緊張感、手の動きなどを、私たちは確実に捉えているのです。ところが、犬のボディランゲージに関すると、どうも私たちの勘は悪いというか、全く読んでいなかったりします。だからこそ、敢えてボディランゲージを学ぶ必要があるのです。

5-2 小さな子供と犬の立ち位置

子供も犬に協調することが大切

　新しく家族となった子犬。子供にとっても大変な喜びをもたらします。そして、一緒に成長をしながら、お互いが切っても切れない深い友情を育むと、お父さん、お母さんは望むところです。その友情を育むためには、子供も犬も心地よく生活ができることが大切です。それには、子供もご家族と一緒に協調をしなければなりません。これは、子犬期からスタートさせるべきものです。

　ご両親は、「子供のために犬を飼うのだから、子供の望みを優先させよう」と思われるかもしれません。しかし、犬はオモチャではなく"生き物"です。子供ではなく大人が正しい判断を下さなければなりません。だからこそ、一方的に子供が「やりたいこと」を犬に押し付けるのではなく、両親の考えや子犬のニーズに沿って、やはり子供も大人同様に協調しなければならないのです。大人と犬との関係も、子供と犬の関係も、またギブ＆テイクで然るべきものです。

迎える子犬を選ぶときは、親とブリーダーで選ぶこと

　これを読まれている方は、既に子犬を飼っていて、今更遅いアドバイスかもしれませんが、ブリーダーの元（あるいはペットショップや保護施設）で子犬を買うときは、子供に子犬を選ばせないことです。子供はたとえば最初に撫でさせてもらった子犬に有頂天になり、すぐに「あ、この子がいい！」と感覚的に気持ちを固めてしまいます。しかし、どの子犬を選ぶかや、どの子犬の性格が自分の家族やライフスタイルにふさわしいのかというのは、ご両親とブリーダーが双方話し合って慎重に決めること。決して子供の意見に惑わされないこと。できるなら、子犬を選ぶときは、子供を伴わない方がいいでしょう。

子犬を迎える前に子供に伝えること

　そしていざ、子犬を家に迎える際、子犬が来る前に予めお母さん、お父さんは、子供に注意事項として以下のようなことをよく言い含めておくべきでしょう。

「子犬の周りでさわいじゃだめですよ」
「子犬を抱っこして歩き回らないこと」
「子犬をいじりまわしてはだめですよ」
「しばらく子犬を放っておきなさいね」
「子犬を追いかけては絶対にだめ！」
「子犬を叩いたり、蹴っては絶対にだめ！」
「子犬はあなたの妹でもないし、弟でもないの。乱暴に遊んではだめだよ」

　子供と子犬を結びつけるためには、両親の責任というものが非常に大きいということをまず理解してください。決して、子供と子犬は放っておいても互いに理解し合えるなどと、センチメンタルな妄想を抱かないように。聞こえはいいですが、現実、そうではない場合があまりにも多く起こっています。

　何よりも子供は、私たちが思うほど犬のボディランゲージから感情を汲む能力が長けているわけではありません。その

人と犬のよい関係 A good relationship of dog and man

学問的考察については、つい最近研究が発表されました（※1）。小さな子供（特に4歳から6歳）は犬の顔の表情だけや犬の鳴き声だけに注目してしまい、その場の状況や犬のしぐさ全体を読まないということ（たとえば尾の状態など）。

そして特に読めないのが、犬が恐怖感を感じているかどうかです。恐怖を感じている犬は、逃げ場がなければ、そのうち自分を防衛しようと攻撃にでます。子供に室内で追いかけられている犬は恐怖感を見せているのに、子供はそれに気づきません。それで最後には、子供を咬んだりするのです。そんな事故が起きたら、双方にとって悲劇です。

子供に、犬が「そろそろ、いい加減にしてくれない？」という警告を出しているときのボディランゲージをぜひ教えてあげてください。犬は絶対にいきなり子供を咬んだり襲ったりしません。その前に、さんざん警告を出しているのですが、子供が（そして大人も）無視をし続け、矢も得なく最後の手段として、自分を防衛するための攻撃という行動を選んだのです。

子供と犬だけで遊ばせない

次に私がアドバイスをしたいのは、子犬と子供を親の監視なしに、むやみに遊ばせないということ。

子犬というのは、この世の何でもを口で探索します。子供がありとあらゆるものを手で触れようとするように、犬は手のかわりに口で触れてものを確かめたり、相手とコンタクトを取ろうとします。そして子供のことを「人間の子犬」と見なして、以前兄妹たちと遊んでいたように、子供と口を使って遊ぼうとします。

口を使った際、子犬の鋭い歯は、子供の柔らかい肌を傷つけてしまうこともあるでしょう。そして痛いがために激しく手を振ったり引いたりする、あるいは転んだりするといった子供の反応は、子犬を余計に興奮させてしまうこともあります。そんなとき、子犬の反応に子供は恐怖感を感じます。そして、自分を防衛しようと、ほとんど本能的に子犬を叩いたり、蹴ったり、叫んだりすることもあるでしょう。子供に倫理観やモラルを求めないでください。子供はそのときの状況に応じて反応しているだけです。

そして、もしそんな衝突が子犬と子供の間に起こったら？ せっかくの友情を育むどころか、子犬もそして子供も互いの信頼感を失ってしまうでしょう。特に、子犬にとっては、それが人間との「犬生」最初の出会いの一つとなるわけですから、人間との信頼関係に深く傷を残します。

※1）Nelly N. Lakestani, Morag L. Donaldson and Natalie Waran, (2014). Interpretation of Dog Behavior by Children and Young Adults. Anthrozoos, (27), pp. 65-80.

立った状態で子供に犬を抱かせない

　3番目のアドバイス。子犬はとても小さくそしてか弱く可愛らしく、子供にとっても抱きしめたいと思うのはやまやまだと思います。しかし、絶対に抱いたまま歩かせないこと！

　まず、犬というのは、実は抱かれることをそれほど好んでいる動物ではありません。大人しくしている犬もいますが、しかし本当は自分の四つ脚でちゃんと地面を踏んでいる方が気持ちは安定するはずなのですね。そもそも、自然の中で、子犬が抱かれているというシーンは存在しません。人間は生まれてしばらくは自分で立って歩くことがままならず、そこで赤ちゃんを抱くという行為が母性としてプログラムされています。子供も抱かれて、安心を感じるものです。しかし犬の子供は、生後数週間後には歩いたり走ったりできるようになります。だから、根本的に、"抱かれる"ということは彼らにとって自然ではなく、当然それほど心地いい体験には成り得ないのです。

　子供の動きは衝動的なので、抱っこをしながらいつ何時、子犬が手から滑り落ちてしまうこともあるでしょう。あるいは子犬が嫌がった瞬間、それを子供が上手に手で支えることができず、床に落下させてしまいます。そうなると、この痛い体験も子犬にとっては「人間に対する」ネガティブな出来事として刷り込まれ、後の人に対する信頼関係にひびを入れてしまいます。それだけでなく、床に落ちたときにケガをしてしまう危険もあります。

　子供が子犬を抱くとしたら、座ったままで。それも両親の監視の下において。絶対に、子犬を抱いて「持ち歩かせない」ことです。子犬はオモチャではありません。人形ではありません。そして抱っこをしても子犬が嫌がる前に、床に放してあげるよう、両親がきちん指導を行います。 これらのことは、子供は大人に教わらなければ、絶対に分からないことです。同時に、生き物として動物を尊ばなければいけないと、教えていることでもあります。

　両親が正しい犬とのつき合い方を子供に教えてあげましょう。

子供は「…すべきではない」リスト

1　子犬が寝ているときに、絶対に邪魔をしてはだめ。

2　子犬を撫でるときに、強く押さえつけるように撫でたり、叩いたりしてはだめ。

3　子犬を抱いて歩き回らない。

4　子犬を追いかけない！　あるいは後ろから「いないいないばぁ」のように、急襲をかけてはだめ！

5　子犬の体を覆うように抱きしめてはだめ！

6　子犬が食べているときに、かまってはだめ。
　　あるいは、骨をしゃぶっているときに、絶対に子供の手をださせないこと！

7　子供にボールやオモチャを投げさせてはだめ。オモチャでの追いかけっこ遊びは、子供にはさせない。

8　子犬の口に一旦入ったものを、子供が取り出そうとしてはだめ！
　　これは子犬が大人に対して信頼を得て、口から取り出させる訓練を経てから。

9　子犬がリードでつながれているときに、絶対に近寄らせない。

人と犬のよい関係　A good relationship of dog and man

5-3 子供に犬との接し方を教えるには

2歳のマグナス君と子犬のチャフェの場合

マグナス君（2歳） 　チャフェ（生後3カ月）

No.5-a01

2歳の坊やマグナス君はどのように子犬と接するべきなのか、お母さんのカトリーヌさんに教えてもらうところである。新しく迎えたゴールデン・レトリーバーとボクサーのミックス犬（3カ月のオス犬）チャフェは、物怖じしない元気な子犬。チャフェの前向きで活発な性格は、これまた元気で疲れ知らずのマグナス君にぴったり。ただし、そのためにお互いが乱暴に接してしまうリスクも存在する。

No.5-a02

トリーツの与え方を教える

子供は犬に食べ物を与えるのが大好きであるが、差し出す子供の素早い手の動きに、子犬も急いで食べ物を掴まんと、うっかり咬み付いてしまうこともある。そこでまずは正しいトリーツの与え方について、子供は学ばなければならない。子犬から余計な動きを誘発させないために、私はカトリーヌさんにチャフェを抱いたままでマグナス君に会わせるよう指導した。

No.5-a03

案の定、マグナス君は指先でトリーツを与えようとした。私は、手のひらに乗せて子犬に与えるようにと、カトリーヌさんとマグナス君に指導をした。指は簡単に咬まれてしまうが、手のひらなら咬まれにくい。

しかし、マグナス君は既にこのやり方で子犬にトリーツを与え続けてきたために、なかなか理解することができない。今まで何も起こらなかったが、子犬が成長してどんどん活発になれば、やはりリスクがないとも限らない。小さな子供はどうしても衝動の方が勝ってしまい、たとえ「手のひらであげてごらん」と言っても、すぐにその動きが伴わない。カトリーヌさんは引き続き、マグナス君にトリーツの正しい与え方を指導すべきだ。ただし、このセッションの最後の方で、マグナス君は手のひらで与えるという考えがだんだん追いついてきたようにも思える。子供と子犬に何かを教えるというのは、何事も忍耐のみだ！

食べ物の与え方は、子犬が来る前に両親が既に指導していてもいいぐらい、大事なことだ。

No.5-a04

どうやって犬を撫でるのかを教える

　カトリーヌさんに子犬を地面に降ろし、子犬をそっと押さえているよう指示をした。こうすれば、子犬が嬉しさあまって坊やに飛びついたりじゃれたりしないですむからだ。今度はどのように子犬を撫でてあげるべきかを子供に教えてあげる。子供は嬉しくて叩いてしまうこともある。絶対に生き物を叩いてはだめ、やさしく撫でてあげるようにと、言葉とジェスチャーで示す。それも、頭の上からではなく、顎の下から胸にかけて、そうっと落ち着いた手の動きで。しかし、子供のことだ。突然、耳を掴んだり、どこかを強く握ったり、頬を引っ張ったりするかもしれない。それを大人は監視する。もし子供がやってしまったら、即注意をすることだ。許可をしてはいけない。

手荒な子供の態度に、子犬が唸ったら？

　子供とはいえ、子犬にやっていけないことは、大人とルールは同じだ。例えば、子供に髪を強く引っ張られれば、「こら！やめなさい」と私たちはすぐに注意をだすだろう。子犬にも乱暴な行為は同様にやってはいけない。

　しかし中には、子供が犬に対して何をやらせてもいいと思っている人がいる。そして私たちが「いたい！　髪、引っ張らないで！」と言うのと同じように、子犬が「ウ〜っ！」と唸り訴えると、今度は「何なの、その態度は！」と犬を叱る。なんて不公平なことなのだろう！　確かに世の中には、「犬は子供が何をしようと、絶対に子供に唸ってはいけない」という見解がある。そして何か起これば、それはすべて犬のせいである。私はこのスタンスに反対だ。子供に何をさせてもいいだなんて！　子供も、子犬の幸せのために協調をするべきであり、それは親が教えることだ。

No.5-a05

犬と子供の両方から目を離さないように！

　マグナス君はお母さんに「もう一つ、トリーツをあげてもいい？」と聞いている。お母さんが「いいよ」と答える間もなく、チャフェは手に握られたトリーツを「ちょうだい、ちょうだい」と言わんばかり、取ろうとしている。

　このように、子供は常にお母さんからの支持を求めているものだ。何をしていいの、いけないの？　子犬との接し方を教えながら、大人が支持を与えることで、子供にポジティブに物事を経験させていることになる。

　カトリーヌさんが、子供と子犬に対して両方に視線を向けて、両方を監視していることに注目。

人と犬のよい関係　A good relationship of dog and man

子供と犬の接し方

No.5-a06

犬が落ち着く瞬間を見逃さない

　チャフェは自分からフセをした。落ち着きはじめたのだ。マグナス君も落ちついている。相変わらず、お母さんのカトリーヌさんが監視をしている。こうして皆が落ち着き、子犬と静かに時を過ごすことをお母さんが見せてあげることによって、マグナス君が子犬と乱暴に遊ぶという行為を予防することもできる。お母さんは、子供の良き例でなければならない。

決して子供を独りにしないこと！

　しかし、子供のことだ。落ち着いたからといって、お母さんは奥に入って子供独りに子犬を任せてはいけない。子供はいきなりオモチャを取りに動きだすこともある。すると、子犬は「遊ぼう！」と子供の突然の動きにすぐ反応する。そのときに、子犬が普段兄妹にやっているように、手をかけたり、咬んだりする。子供の袖やズボンにじゃれて咬めば、子供が嫌がり、そこで叫んだり犬を叩いたりすることも起きる。これでは、スタートから犬と子供の関係に傷がついてしまう。というわけで、お母さんは片時も監視の眼を緩めてはいけない。ただし、私は子供が突然遊ぶのを防げと言っているのではない。子供が遊びに立ち上がったら、お母さんは子犬がそれに呼応して乱暴に子供に振る舞うのを防ぐことである。

No.5-a07

　マグナス君は、トリーツの与え方の要領をだんだん得てきたようだ。「手のひらで与えなさい」とお母さんが言い続けた甲斐があって、やや手が開きはじめている。ここでお母さんはすかさず子供を褒めてあげることだ。これは犬のトレーニングと全く一緒！

　こうして、お母さんが一緒に床に座り、時を過ごし、子供や子犬を褒めてあげることで、一つの「群れ」としての感情が湧いてくる。犬も子供も、誰かと一緒にいたいと思う動物だ。そしてお互いが面白いと思うことを、皆で行う。そしてそれを楽しいと犬も子供も感じる。だからこそ親は、犬と子供をそのまま任せるのではなく、一緒に参加する。そしてお母さん、子犬、子供とのいい関係を作りあげる。

No.5-a08

子供がオモチャで遊びはじめたら…

マグナス君はオモチャを持ってきた。子供は、できるなら母親の側で遊びたいと思うのだ。そこに子犬を含めてあげる。さて、このシーンではどう子犬は振る舞うべきなのだろうか？ カトリーヌさんが軽く子犬を抑えていることに注目。いきなりオモチャに飛びつかないよう、阻止しているのである。

No.5-a09

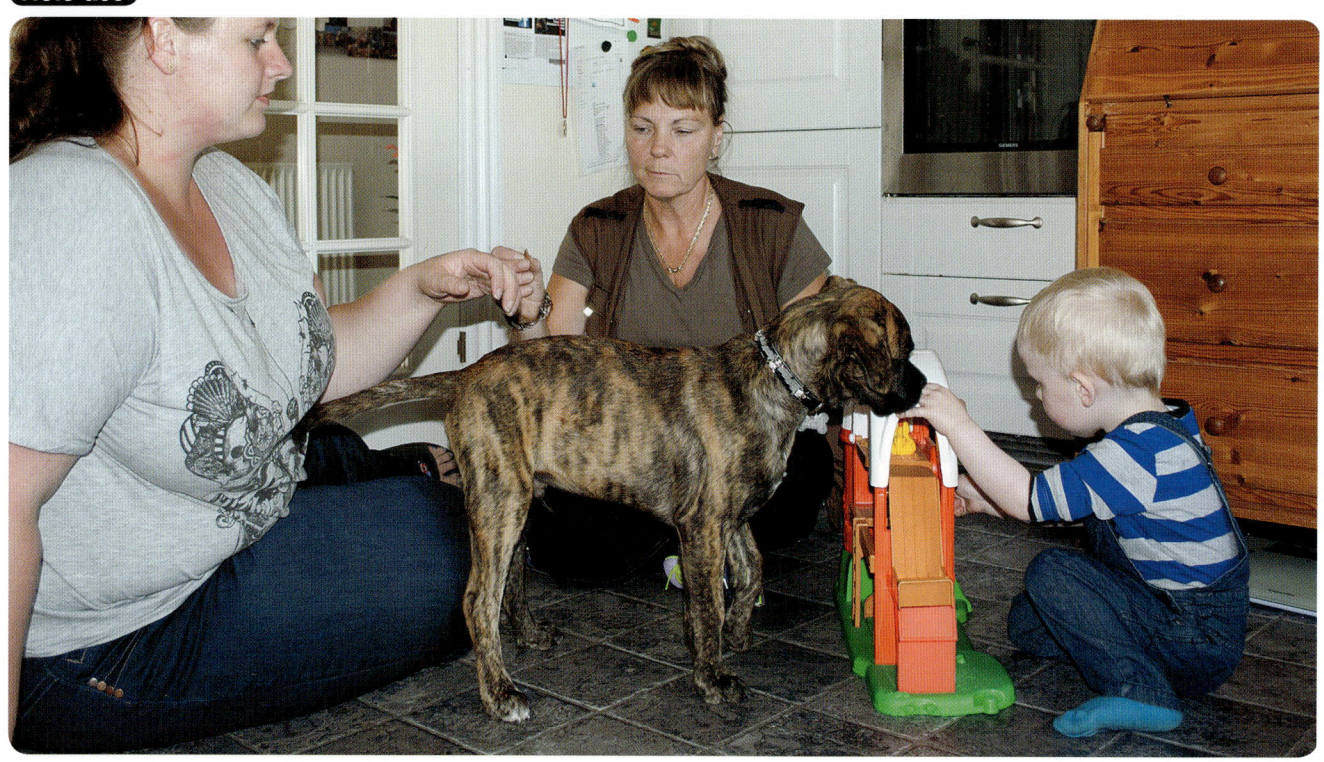

子犬の好奇心と子供の独占欲を上手にコントロール

　好奇心の強い子犬のこと。さっそくチャフェはオモチャを「何だろう」と嗅ぎはじめる。前述したように、子犬はなんでも口と歯で感じて世の中を探索する。だから、当然このオモチャを咬もうとするだろう。そして、オモチャは、子供にとっては宝物だ。子犬がオモチャに何かをしようとすれば、「いやだよ〜！」と犬を叩いたり、手で追い払おうとするはずだ。その事態にしてはいけない。お母さんはまず「チャフェは、子犬だからこれは何だろう、って調べてみたいだけなのよ」とニオイを嗅ぐだけなら許容してあげるよう、子供にも伝える。

　子供が嫌がるのなら、子犬をケージに入れてしまえばいいではないかと思われるかもしれない。しかし、子供と子犬に将来お互いにすてきな関係を築いてもらいたいと思っているのであれば、一緒に空間を共有して楽しむという経験をお互いに持つべきだと思うのだ。これが一体感を生む。もちろん大人の監視の上でだ。

　しかし子犬がかじりそうなそぶりを見せたら、急いで母親（監視をしている大人）は、子犬の行動を阻止することだ。そこでも、子犬を叱ったりする必要はない。咬みそうな瞬間に子犬を呼んだり、あるいは何か別のもので誘う。または、体をそっと動かして事態を避ける。

人と犬のよい関係　A good relationship of dog and man

子供と犬の接し方

No.5-a10

子犬が子供を遊びに誘ったら…

　チャフェは、マグナス君に「遊ぼうよ！」と頭を押し付けている。子犬と子供が遊ぶのはいいが、どちらの側からも乱暴な行いが入ってはいけない。子犬と子供が遊ぶための一番大事なルールは、どちらの側も気持ちよく遊んでいること！　子犬が子供のために我慢していたり、その反対であったりしてもいけない。そのためには、大人が状況をよく監視して、必要なら適切な介入を時々入れる。

　お母さんのカトリーヌさんは、チャフェが少し押し付けがましいことにすぐに気がつき、手でチャフェの動きを阻止している。そして「チャフェ！」と呼び戻した。

No.5-a11

　チャフェはすぐに動作を止め、私はその間、子供の気持ちを紛らわすために、マグナス君に話しかけている。

No.5-a12

子供と犬にも、ギブ&テイクの関係を！

　チャフェはその後、マグナス君の横でフセをして様子をうかがう。すばらしいではないか、チェフェも子供も、事を大袈裟にすることもなく、きわめて平和に状況は収まっている。チェフェもとてもリラックスしている。私はマグナス君にトリーツを渡し、チャフェに与えるように促した。というのも、チャフェはとてもお利口に振る舞っていたからだ。こうして、子供も、どのタイミングでどの行動を褒めるべきなのか、大人を通して学ぶことができる。また、チャフェもマグナス君が遊び仲間以外として、自分が正しい行動を見せたらトリーツをくれる「頼れる存在」と認識するようになる。子供を見たとたんに、暴れん坊遊びができる！と子犬に連想してほしくはないのだ。

No.5-a13

それぞれに
お気に入りのオモチャを！

　カトリーヌさんは、チャフェにお気に入りのオモチャを与えた。チャフェは、マグナス君のオモチャを咬んだりすることはできないが、今や自分もオモチャと遊べる権利を得た。こうして、誰もが床でおのおのの楽しみを持てる。これぞ、子供と子犬に持ってほしいフィーリングなのだ。皆がそれぞれに満足できて、楽しい時間を過ごせる。それも一緒に。子供だけ、あるいは子犬だけではない。そして、これが実現するのも、こうして母親が監視をしているからなのだ。

No.5-a14

子供が子犬のオモチャを
取ろうとしたら…

　大人の監視があるからこそ、実現できるこのシーン。子供は、自分だけではなく、子犬も自分のオモチャで遊ぶ権利があるということを学んでゆく。チャフェのオモチャをいじろうとしたマグナス君にお母さんは、「取っちゃだめよ。チャフェの好きなようにさせてあげなさい」と注意を与えた。そう、ここには、子供は子供が好きなように何をしてもいいという一方的な権利はない。私は犬と人間の関係に、誰が群れのリーダーであるかとか、人間はアルファにならなければならないといった余計な考えを入れない。チャフェにもチャフェが楽しむ権利がある。そしてマグナス君も自分のオモチャで誰にも邪魔されず楽しむ権利がある。それをお互いが尊重し合ってこそ、家族とか群れという生活が成り立つ。すべてはお互いの譲歩と協調である！　これは、どんな関係においても成り立つコンセプトだと思うのだが…。それでもアルファ理論を入れたい人はいるのだろうか……？

オモチャ選びも大切な要素

　ここでもう一つ気がついてほしいのは、子供と子犬の間に、お互いを興奮させるような遊びが導入されていないこと。マグナスが遊んでいるのは、農家の納屋のオモチャであり、そこに家畜動物をいろいろな場所に置いて楽しむというものだ。しかし、もしマグナス君がボールを持って来て、きゃぁきゃぁ言いながら周りを飛んだり走ったりしたら？

　お母さんはすぐに、その遊びを止めるだろう。特にチャフェのような元気で活発な犬は、すぐにボール遊びに乗じてしまう。子供の手に握られたボールを取ろうとして、咬んだり、あるいは飛びかかった際に押し倒してしまうこともある。前述したように、子供と子犬の遊びにおいて、絶対に、どちらかが不快な思いをするようなことがあってはならない。どちらも心から楽しむ状態でなければ、よい関係は作れないのだ。

人と犬のよい関係　A good relationship of dog and man

Chapter 5 　子供と犬の接し方

No.5-a15

子供にも犬にも、接点を強要しないこと

　子供と子犬は、間の取り方というものが本当によく似ている。マグナス君はオモチャに飽きてしまった。そこでカトリーヌさんは、オモチャを横にどけた。そのうちチャフェも疲れてしまい、カトリーヌさんの所に来て、横になる。そしてカトリーヌさんはやさしくチャフェを撫でる。そうこうしているうちに、お父さんも「群れ」のアクティビティに参加！

　皆がとても自然に振る舞っていることに留意されたい。子供が離れてしまったからといって、カトリーヌさんは「マグナス、こっちに来て、チャフェを撫でてあげなさいよ！」などと犬が望みもしないことを強要しない。ごくごく自然に。子供がその場を離れてしまったら、それはそれでいいのである。この状況を変えることはない。それで迷惑を被っている人はいないのだから。

No.5-a16

ボール遊びの上手な例

　子供が勝手に子犬とボール遊びに興じるのは、前述した理由により、私は奨励しない。しかし、大人が子犬と節制を持ってボール遊びをするのは一向にかまわない。そこでカトリーヌさんは、マグナス君を抱いたまま、ボールを緩やかに投げてはとらせるという遊びをチャフェに与えた。

　子供とお母さんの表情を見てほしい！　子犬の反応を双方が面白がって見ている様子がわかるだろうか。こうして犬とのアクティビティを楽しむ方法もあるのだ。いつも子供と犬が直接関わって遊ぶ必要はない。

　犬は鋭い歯を持つ動物であり、狩猟欲をまだ多く備えている。よって、ボール遊びのような狩猟欲を刺激する遊びによって鋭く歯をたてる可能性は、犬種にかかわらずすべての犬が持っている。チワワだってトイ・プードルだって、犬は歯を使うように作られた動物だ。しかし歯を使うということは、攻撃性を意味することではないし、敵意を意味するものでもない！　よって、子供との遊びにそれが現れてしまうことがある。だから、私は子犬と子供との遊びに物品を投げては追わせる、という遊びをいれたくないのだ。

No.5-a17

ここがポイントだ。ただボール遊びをするにおいても、子供のオモチャがどこかでかかわり合う。カトリーヌさんは、オモチャの門の間からボールを転がした。すると、マグナス君はこの遊びを一層面白いと思い、もっと集中をしはじめた。なんといっても、これは自分のオモチャであり、それを通して子犬が遊んでいるのだ。

お母さんが一緒にいれば、子供は乱暴な遊びをする必要もなく、子犬と子供はこんな風に平和にかつ楽しんでかかわり合いを持つことができる！

No.5-a18

子供がオモチャの遊びに集中できるよう、床にトリーツをばらまいた。これを子供にさせてもいい。すると、子供は自分が投げたトリーツを食べる犬に、非常に興味をもって観察するはずだ。

No.5-a19

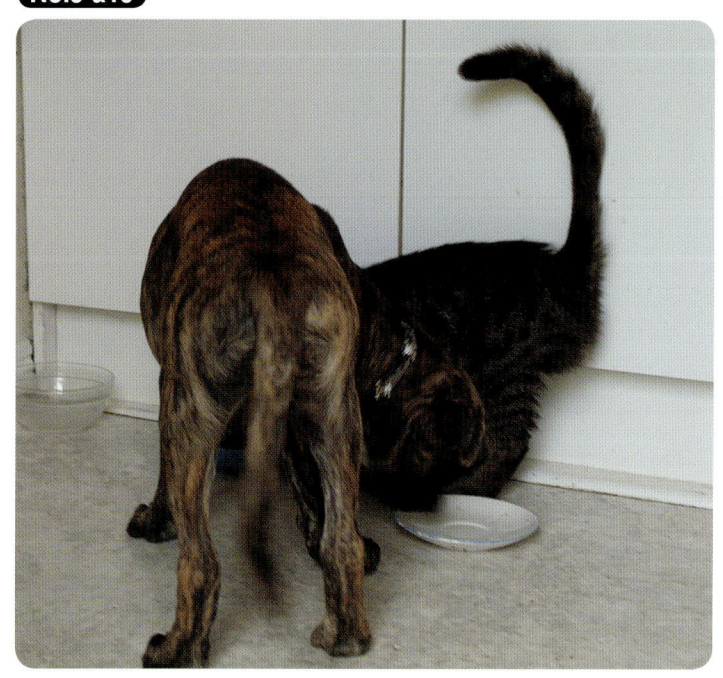

子供と子犬と、先住猫との共存

さて、カトリーヌさんのところには猫がいる。子犬と先住民の猫がどうやりあってゆくべきか。

猫を追い回しそうになったら、すぐに猫と子犬の間に入って、追いかけをやめさせる。そして子犬を叱ったり、猫との接触を避けようとするかわりに、できるだけ2匹が一緒に時間を過ごせるよう工夫する。犬は一旦関係を作れば、猫を追いかけ回すことはなくなるはずである。

人と犬のよい関係　A good relationship of dog and man

子供と犬の接し方

No.5-a20

チャフェと猫が食べているところに、マグナス君がやってきた。ここでも子供の行動によって大人が適切なタイミングで介入する必要がある。

No.5-a21

子供が、犬猫の食事をじゃましたら？

たとえば、こんなとき。マグナス君の動作は、子供なのでとても速い。それが動物を怖がらせてしまう。まず、猫はすぐに逃げてしまうだろう。せっかくチャフェと猫がうまくいっているのだから、マグナス君も交えて、皆が心地よく同じ空間をシェアすべきだ。そこで大人が介入して「ゆっくり、ゆっくりね。動物を驚かせちゃだめだよ」とマグナスに立ち振る舞い方を教えてあげる。

No.5-a22

するとマグナス君は、「わかったよ」と床に座りだした。私はすかさず、床にトリーツを落として、猫と子犬、両方を落ち着かせようとした。こうして、坊やを含め、何もかもが落ち着きはじめる。

No.5-a23

お母さんが、「桃食べたい？」と坊やのところにやってきて、マグナス君に桃を与えた。それを食べはじめると、マグナス君は今や別のことに集中しはじめ、子犬と猫に気をとられない。子犬と子供の接触の中で、こういう介入の仕方は大事である。子供に「○○しちゃ、だめでしょ！」と叱る代わりに、何かを与えて、集中する対象を変えてあげればいいだけのことなのだ。そして、チャフェは今や自分の食事に集中できるというものだ。そして猫、チャフェそしてマグナス君も、皆がゆったりと同じ空間と時間を過ごすことができるのだ。

No.5-a24

間違った子犬の抱き方

こんな風に犬を抱かないように！　これは人間の子供を抱くときのやり方。犬にとってこのポジションは絶対に自然ではない。子犬を人口授乳させるときに、犬をこのように抱いて与える人がいるが、絶対にだめ！　犬の気管は人間とは異なる。こんな体勢で食べ物を与えたら、窒息してしまう！　犬を抱っこするのは、犬が疲れて歩けなくなってしまったときのみ。

No.5-a25

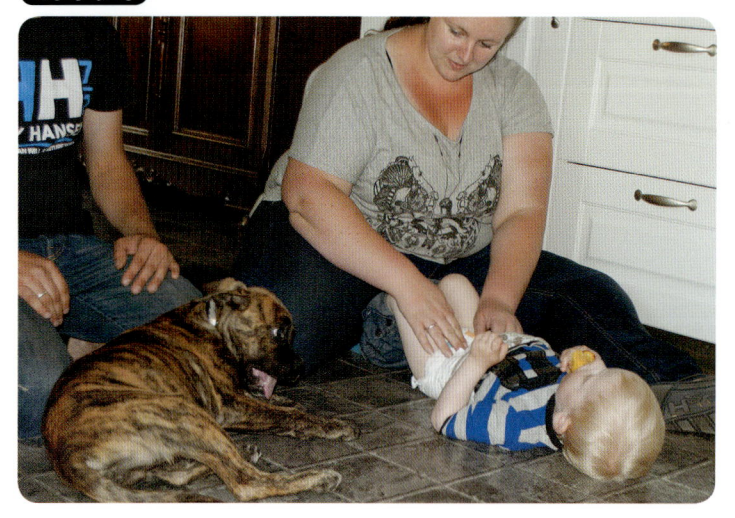

子供のおむつ替えには気を付けて！

多くの子犬は、子供のおむつを替えているときに、とても興味を示すもの。おそらく、おむつのニオイに誘われるのだろう。おむつ替えのときに、子犬はもちろん参加してもいい。しかし、絶対におむつに触れさせないこと！　あくまでも見るだけ！　習慣になってしまうし、なんといっても衛生的ではない。犬によってはおむつを食べてしまう子もいるのだ。

Profile

ヴィベケ・リーセ
Vibeke Sch. Reese

1964年生まれ。デンマーク・オールボー出身。北ジーランド動物行動クリニックを営む。創設当時（1966年）、デンマークでは初の、行動心理に即してコンサルティング、トレーニングを行う犬のクリニック。ドッグトレーナー教育、パピーテスト、問題犬のコンサルタント等を行う。サービスドッグ公認訓練士。カーレン・プライアー・アカデミーの公認クリッカー訓練士。

高校卒業後、オールボー動物公園にて4年間、主に大型肉食獣担当の飼育係を経て、動物行動学者ロジャー・アブランテス・動物行動学協会にて教育を受ける。

結婚後、アメリカ、スウェーデンなどに頻繁に出向き、オオカミの行動について独学。アメリカの動物学者、オペラント条件に基づいた動物訓練者で世界的に有名なボブ・ベイリーの元で、学習心理の論理習得と実践について修行。

現在、半家畜化したギンギツネを3頭飼いはじめ、犬との行動の違いを観察しているところ。

藤田りか子
Rikako Fujita

神奈川県横浜市生まれ。スウェーデン農業大学野生動物管理学科修士（M'Sc）、動物レポーター、ライター、カメラマン。学習院大学を卒業後、オレゴン州立大学野生動物学科を経て、スウェーデン農業大学野生動物学科卒業。国内外のペット・メディアに向けて、動物行動学や海外文化についての執筆を続ける。現在スウェーデンの中部ヴェルムランド地方の森で、犬、猫、馬たちと暮らす。

Vibeke Sch. Reese

編集	藤田りか子
デザイン	下井英二／HOTART
写真	藤田りか子
	Connie Bragenholt
	Karina Liebak Andersen
	Heidi Wittrup Pedersen

ドッグ・トレーナーに必要な「子犬(こいぬ)レッスン」テクニック

2014年 8月31日　発　行　　　　　　　　　NDC645.6
2018年 1月25日　第2刷

著　者　　Vibeke Sch. Reese(ヴィベケ リーセ)

発 行 者　　小川雄一
発 行 所　　株式会社誠文堂新光社
　　　　　　〒113-0033　東京都文京区本郷3-3-11
　　　　　　【編集】電話03-5800-5751
　　　　　　【販売】電話03-5800-5780
印刷・製本　図書印刷株式会社

©2014, Vibeke Sch. Reese , Rikako Fujita.　　　Printed in Japan

検印省略
万一乱丁・落丁本の場合はお取り換えいたします。
本書掲載記事の無断転用を禁じます。

本書のコピー、スキャン、デジタル化等の無断複製は、著作権法上での例外を除き禁じられています。本書を代行業者等の第三者に依頼してスキャンやデジタル化することは、たとえ個人や家庭内での利用であっても著作権法上認められません。

JCOPY ＜(社)出版者著作権管理機構 委託出版物＞
本書を無断で複製複写（コピー）することは、著作権法上での例外を除き、禁じられています。本書をコピーされる場合は、そのつど事前に、(社)出版者著作権管理機構（電話 03-3513-6969／FAX 03-3513-6979／e-mail:info@jcopy.or.jp）の許諾を得てください。

ISBN978-4-416-61437-2